The Practical Guide to Server Virtualization for Proxmox VE

IMPRESS TOP GEAR

エンタープライズシステムを OSS ベースで構築

# Proxmox VE
## サーバー仮想化
## 導入実践ガイド

著＝

青山 尚暉
株式会社ブロードバンドタワー

海野 航
株式会社ネットワールド

大石 大輔
株式会社クラスアクト

工藤 真臣
株式会社ネットワールド

殿貝 大樹
株式会社ネットワールド

野口 敏久
TIS 株式会社

JN207553

インプレス

◎本書の内容は、2024年10月〜2025年1月の情報に基づいています。記載したURLやサービスの内容は、変更される可能性があります。

◎著者、株式会社インプレスは、本書の記述が正確なものとなるように最大限努めましたが、本書に含まれるすべての情報が完全に正確であることを保証することはできません。また、本書の内容に起因する直接的および間接的な損害に対して一切の責任を負いません。

◎本文中の社名、製品名・サービス名は、一般に各社の商標または登録商標です。本文中では ®、TM、© マークは明記しておりません。

## はじめに

近年、ソフトウェアベンダーの買収、その影響による製品の統廃合や販売価格の上昇、パブリッククラウドの利用の促進などの理由により、オンプレミスのサーバー仮想化基盤を再検討することが多くなっています。すでに多くの企業で広く利用されているサーバー仮想化基盤の移行先として注目を集めている選択肢の1つが、本書で紹介するProxmox Virtual Environment(Proxmox VE)です。

Proxmox VEは、Debianをベースに2008年から開発されているオープンソースの仮想化基盤ソフトウェアで、商用・非商用を問わず多くのサーバー仮想化基盤で利用されています。

本書では、安定したサーバー仮想化基盤として利用するために必要なProxmox VEのアーキテクチャの概要はもちろん、実際の構築方法だけでなく、従来のサーバー仮想化基盤からの仮想マシンの移行手順に加えて、移行後のバックアップやリソース監視といった運用管理も含めて紹介しています。

今後、新しいサーバー仮想化基盤の候補としてProxmox VEを検討する際には、本書で解説した内容が読者の皆さんの一助となれば幸いです。

2025年2月　著者を代表して
株式会社ネットワールド　工藤真臣

## ●————対象読者と本書の内容

本書は、Proxmox VEを初めて使用する方から、経験豊富なシステム管理者まで、仮想化環境の構築と運用に関心のある方々にとって有用な内容となっています。Proxmox VEの特徴から始まり、インストールの方法、そしてWebツール／コンソールによる運用管理、分散ストレージ／外部ストレージの利用、ネットワーク、クラスタ、バックアップなど、仮想化サーバー構築／運用に必要な各種の情報を取り上げます。さらにProxmox VEへの仮想マシンの移行方法を解説するほか、Veeam Backup for Proxmox／Zabbix／HashiCorp Terraform／NVIDIA vGPUといったサードパーティ製品との統合についても説明します。本書を読むことで、Proxmox VEの機能や手法についてより詳しくなるでしょう。Proxmox VEをこれから利用しようという方々にとっては格好の書籍となっています。

## ●————本書の構成

本書の各章の構成は次のとおりです。より詳しい構成は目次を参照してください。

**第1章** Proxmox VEの特徴

**第2章** Proxmox VEのインストール

**第3章** Webツール／コンソールによる運用管理

**第4章** クラスタの運用と管理

**第5章** 分散ストレージと外部ストレージの利用

**第6章** ネットワークの構成／設定

**第7章** バックアップ機能の活用——Proxmox VE標準機能とProxmox BS

**第8章** Proxmox VEへの仮想マシンの移行

**第9章** Proxmox VEの周辺ソリューション——Veeam Backup for Proxmox／Zabbix／HashiCorp Terraform／NVIDIA vGPU

## ●————本書の内容について

本書の内容の一部に誤りがあった場合は、その内容を正誤表に掲載します。正誤表を掲載した場合には、下記URLのページの［お詫びと訂正］欄に正誤表が表示されます。

### ◎本書の紹介ページのURL

**https://book.impress.co.jp/books/1124101030**

誤りと思われる点にお気づきの場合は、奥付に記載したお問い合わせフォームなどにご連絡いただけますと幸いです。

## ●————著者プロフィール

**青山 尚暉（あおやま なおき）**
株式会社ブロードバンドタワー所属。30歳手前で会社員として働きながら、週末はおうちラックの仮想化基盤を触る日々を過ごしていたが、某仮想化基盤のCPU足切りが激しくProxmox VEへ乗り換えを決意。備忘録としてProxmox周りの情報をBlogに書いていたところ、本書のお話があり、執筆することに…。業務では関係ない分野にも手を出し、最近ではAWS／Zabbix／仮想化基盤／NWなど幅広く担当する。めざせフルスタックエンジニア。

**海野 航（うんの わたる）**
株式会社ネットワールド SI技術本部 ソリューションアーキテクト課所属。現所属会社では、Citrix製品担当からスタートし、クラウド自動化やInfrastructure as Code製品を経て、現在は生成AIにフォーカス。NVIDIA vGPU搭載VDIでドラクエを動かし、そのままデモにするほどのゲーム大好きマン。職業はエンジニア兼魔法戦士。VMware vExpert 2018-2024、NVIDIA GRID Community Advisor 2020-2024、Omnissa Tech Insiders 2024。

**大石 大輔（おおいし だいすけ）**
株式会社クラスアクト インフラストラクチャ事業部所属。Proxmoxリセール事業を立ち上げ、そのままリセラー中の人になる。また、Proxmox日本国内コミュニティ、JPmoxs中の人。本家Proxmoxコミュニティやその他のオープンテクノロジー中の人になるべく、界隈で活動中。

**工藤 真臣（くどう まさおみ）**
株式会社ネットワールド SI技術本部 ソリューションアーキテクト課所属。サーバー仮想化製品、クラウドソフトウェア製品のビジネス開発を担当。VMware vExpert 2012-2024。NetApp Advanced Solution。主な著書に『できるPRO vSphere 4』、『できるPRO vSphere 5』、『Windows Server 2012 R2 Hyper-Vシステム設計ガイド』、『VMware vSphere構築・運用レシピ』がある。

**殿貝 大樹（とのがい たいき）**
株式会社ネットワールド SI技術本部 プラットフォームソリューション課所属。複数回のジョブチェンジを経験し、現所属会社では主にVMware製品の構築・移行のお手伝いやセミナー講師などを担当する。その傍らで、数年前からKubernetesを触り始めた基盤系エンジニア。最近はアプリ屋さんの気持ちを理解したいと思っている。VMware vExpert 2024。

**野口 敏久（のぐち としひさ）**
TIS株式会社 セキュリティソリューション部 エキスパート。VMware Cloud on AWSなどクラウド上のSDDCサービスの技術支援担当。専門は大規模ネットワーク、自社のSD-WAN導入のアーキテクトとしても活動している。趣味はホームラボの整備と新しめの技術の検証。VMware vExpert 2024 (Hybrid Cloud)、2024 AWS Ambassador、2024 AWS TOP Engineer (Networking)。

Proxmox VE サーバー仮想化
導 入 実 践 ガ イ ド
C O N T E N T S

はじめに ・・・・・・・・・・・・・・・・・・・・・ iii

本書の内容など ・・・・・・・・・・・・・・・・ iv

著者プロフィール ・・・・・・・・・・・・・・・ v

## 第1章 Proxmox VEの特徴 ・・・・・・・・・・・・・・・・・・・・・・ 1

### 1-1 Proxmox VEとは? ・・・・・・・・・・・・・・・・・・・・・・・ 2

1-1-1 ハイパーバイザー層:KVMとLXC ・・・・・・・・・・・・・・・・・・ 2

1-1-2 クラスタリングと高可用性(HA) ・・・・・・・・・・・・・・・・・・ 3

1-1-3 ストレージアーキテクチャ ・・・・・・・・・・・・・・・・・ 3

1-1-4 ネットワークアーキテクチャとSDN ・・・・・・・・・・・・・・・ 4

1-1-5 セキュリティと認証 ・・・・・・・・・・・・・・・・・・ 5

1-1-6 バックアップとリストア ・・・・・・・・・・・・・・・・・・ 5

1-1-7 オープンソースとエンタープライズレベル ・・・・・・・・・・・ 5

### 1-2 Proxmox VEのオープンソースライセンスと商用サブスクリプション ・・・・・ 6

### 1-3 Proxmox VEの開発コミュニティ ・・・・・・・・・・・・・・・・・・・ 8

## 第2章 Proxmox VEのインストール ・・・・・・・・・・・・・・・ 11

### 2-1 Proxmox VEをインストールするサーバーの準備 ・・・・・・・・・・・・ 12

### 2-2 Proxmox VEのインストールメディアの準備 ・・・・・・・・・・・・・ 14

### 2-3 Proxmox VEのインストーラを使ったインストール ・・・・・・・・・・・・ 15

### 2-4 Proxmox VEの追加インストール ・・・・・・・・・・・・・・・・・・ 19

2-4-1 パッケージリポジトリの追加 ・・・・・・・・・・・・・・・・・ 20

2-4-2 展開済みDebian Linuxへのインストール ・・・・・・・・・・・・・・ 21

### 2-5 Proxmox VEの自動インストール ・・・・・・・・・・・・・・・・・・ 21

2-5-1 自動インストールで利用する応答ファイルの準備 ・・・・・・・・・・ 23

2-5-2 自動インストール用インストールメディアの作成 · · · · · · · · · · · · · · · · · · · · · · · · · · 25

2-5-3 作成したインストールメディアを使った自動インストール · · · · · · · · · · · · · · · · · · 28

# 第3章 Webツール／コンソールによる運用管理 · · · · · · · · · · · · · · · · · · · · · · · · · 31

## 3-1 | Proxmox VEの管理ツール · · · · · · · · · · · · · · · · · · · · · · · · · · · · · · · · 32

## 3-2 | Proxmox VEのユーザーと権限の管理 · · · · · · · · · · · · · · · · · · · · · · · · 34

## 3-3 | Proxmox VEの通知 · · · · · · · · · · · · · · · · · · · · · · · · · · · · · · · · · · · · · · · · 38

## 3-4 | Proxmox VEの仮想マシンの管理 · · · · · · · · · · · · · · · · · · · · · · · · · · · · · 42

3-4-1 仮想マシンの作成 · · · · · · · · · · · · · · · · · · · · · · · · · · · · · · · · · · · · · · · · · · 42

3-4-2 仮想マシンの変更 · · · · · · · · · · · · · · · · · · · · · · · · · · · · · · · · · · · · · · · · · · 48

3-4-3 仮想マシンの操作 · · · · · · · · · · · · · · · · · · · · · · · · · · · · · · · · · · · · · · · · · · 52

3-4-4 VirtIOドライバとQEMUゲストエージェントのインストール · · · · · · · · · · · · · · · 53

## 3-5 | Proxmox VEのコンテナの管理 · · · · · · · · · · · · · · · · · · · · · · · · · · · · · · 55

3-5-1 コンテナテンプレートの有効化 · · · · · · · · · · · · · · · · · · · · · · · · · · · · · · · · · 55

3-5-2 コンテナの作成 · · · · · · · · · · · · · · · · · · · · · · · · · · · · · · · · · · · · · · · · · · · · 57

# 第4章 クラスタの運用と管理 · · · · · · · · · · · · · · · · · · · · · · · · · · · · · · · · · · · · · · · · · · 63

## 4-1 | Proxmox VEのクラスタ構成 · · · · · · · · · · · · · · · · · · · · · · · · · · · · · · · · · 64

4-1-1 Proxmox VEにおけるクラスタ構成 · · · · · · · · · · · · · · · · · · · · · · · · · · · · · 64

4-1-2 Proxmox Cluster File Systemを使ったデータ管理 · · · · · · · · · · · · · · · · · 66

4-1-3 クラスタネットワーク構成 · · · · · · · · · · · · · · · · · · · · · · · · · · · · · · · · · · · · 67

4-1-4 2ノードクラスタの構成 · · · · · · · · · · · · · · · · · · · · · · · · · · · · · · · · · · · · · · 69

## 4-2 | Proxmox VEのクラスタの管理 · · · · · · · · · · · · · · · · · · · · · · · · · · · · · · · 71

4-2-1 ノードの構成 · · · · · · · · · · · · · · · · · · · · · · · · · · · · · · · · · · · · · · · · · · · · · · 71

4-2-2 クラスタの作成とノードの追加 · · · · · · · · · · · · · · · · · · · · · · · · · · · · · · · · · 74

4-2-3 クラスタからのノードの削除 · · · · · · · · · · · · · · · · · · · · · · · · · · · · · · · · · · · 75

4-2-4 データセンターの構成 · · · · · · · · · · · · · · · · · · · · · · · · · · · · · · · · · · · · · · · 76

## 4-3 | Proxmox VEのクラスタの利用 · · · · · · · · · · · · · · · · · · · · · · · · · · · · · · · 82

4-3-1 ノード間の仮想マシン／コンテナの移動（ライブマイグレーション） · · · · · · · · · 82

4-3-2 仮想マシン／コンテナのHA構成 · · · · · · · · · · · · · · · · · · · · · · · · · · · · · · · 83

4-3-3　HA構成時のノードのメンテナンス ································ 85

# 第5章　分散ストレージと外部ストレージの利用 ·················· 87

## 5-1│Proxmox VEにおけるストレージとは？ ···················· 88

5-1-1　ストレージタイプごとの機能サポート ················ 89

5-1-2　ストレージタイプにおける接続プロトコルのサポート ··········· 90

5-1-3　ストレージ接続の冗長化 ························· 91

## 5-2│各ストレージタイプの特徴 ···························· 91

5-2-1　ストレージタイプ:Directory ···················· 93

5-2-2　ストレージタイプ:iSCSI ······················ 94

5-2-3　ストレージタイプ:iSCSI+LVM ·················· 99

5-2-4　ストレージタイプ:NFS ······················ 102

5-2-5　ストレージタイプ:CIFS ····················· 104

5-2-6　ストレージタイプ:Ceph ····················· 106

5-2-7　ストレージタイプ:LVM-Thin ·················· 111

## 5-3│Proxmox VEのストレージの管理 ····················· 112

## 5-4│Proxmox VEの商用ストレージのサポート状況 ·············· 113

# 第6章　ネットワークの構成／設定 ··························· 115

## 6-1│Proxmox VEを構成する上で知っておきたいネットワーク構成 ······ 116

6-1-1　クラスタ管理ネットワーク／ノード数 ··············· 116

6-1-2　ストレージ／マイグレーションネットワーク ·············· 117

6-1-3　ネットワークインターフェースの命名規則 ·············· 118

6-1-4　手軽にネットワークインターフェース名を確認する方法 ········· 120

6-1-5　インターフェース命名規則の固定化 ················ 120

6-1-6　ネットワークの冗長化 ························ 123

6-1-7　VLAN 802.1Qの利用 ······················ 126

## 6-2│シンプルなネットワーク構成 ·························· 128

6-2-1　既設のネットワークにブリッジ経由で直接接続 ············ 128

6-2-2　既設のネットワークにルーティング経由で接続 ············ 130

6-2-3　既設のネットワークにNATで接続 ················· 131

| 6-3 | Proxmox VE Firewall | 132 |

6-3-1　IPSetサブネットをグループ化 ···················· 133

6-3-2　ルールとセキュリティグループの利用 ················ 134

6-3-3　ファイアウォールの有効化／無効化 ················· 135

| 6-4 | SDNの概要 | 136 |

6-4-1　SDNを利用するための事前準備 ·················· 138

6-4-2　FRRoutingを利用したルーティング ················ 139

| 6-5 | SDN設定 | 140 |

6-5-1　ブリッジを利用したSimple Zone ················· 140

6-5-2　VLANを利用したZone ························· 141

6-5-3　QinQを利用したZone ························· 142

6-5-4　VXLAN/EVPNを利用したZone ················· 142

| 6-6 | 一般的なネットワークの構成例 | 143 |

6-6-1　検証構成 ······························· 143

6-6-2　3Tier構成 ····························· 146

| 6-7 | SDNを利用した構成例 | 148 |

6-7-1　SDNが活用される背景とProxmox VEでの対応状況 ···· 149

6-7-2　ルーティングとMTU ························ 150

6-7-3　ECMPを利用する場合 ······················ 151

6-7-4　ノード数 ······························ 151

6-7-5　構成例 ······························· 152


## 第7章　バックアップ機能の活用
### —Proxmox VE標準機能とProxmox BS ·············· 157

| 7-1 | Proxmox BSの概要 | 158 |

7-1-1　Proxmox VEとProxmox BSのバックアップの比較 ······ 158

7-1-2　Proxmox BSの動作要件 ····················· 159

7-1-3　Proxmox BSの特徴 ······················· 160

| 7-2 | Proxmox BSの主要機能 | 161 |

7-2-1　高速なバックアップとバックアップ容量を抑える仕組み ······ 161

7-2-2　バックアップデータの「チャンク」とバックアップチェーン ········· 162

## 7-3 | Proxmox BSのデータストア管理 ························· 163

### 7-3-1 利用可能なストレージ ····························· 163
### 7-3-2 データストアの追加 ····························· 164
### 7-3-3 名前空間の利用 ······························· 167
### 7-3-4 バックアップグループ ························· 167
### 7-3-5 ガベージコレクション ························· 167
### 7-3-6 プルーニング ································· 168
### 7-3-7 Proxmox VEストレージへの追加 ··············· 170

## 7-4 | Proxmox VEバックアップの動作 ····················· 172

### 7-4-1 Proxmox VEバックアップモードの種類［PVE/PBS共通］ ··· 172
### 7-4-2 Proxmox VEバックアップのフロー［PVE/PBS共通］ ····· 173
### 7-4-3 バックアップにおけるQEMU Guest Agentの役割 ········ 174

## 7-5 | バックアップの取得・設定 ························· 174

### 7-5-1 手動バックアップ［PVE/PBS共通］ ··············· 174
### 7-5-2 バックアップジョブの作成・スケジューリング［PVE/PBS共通］ ··· 175
### 7-5-3 ホストのバックアップ（Proxmox Backup Client）［PBSのみ］ ··· 179
### 7-5-4 バックアップの暗号化［PBSのみ］ ··············· 179

## 7-6 | リストア ································· 179

### 7-6-1 リストアの設定［PVE/PBS共通］ ················· 180
### 7-6-2 リストアの動作［PVE/PBS共通］ ················· 181
### 7-6-3 ライブリストア［PBSのみ］ ··················· 181
### 7-6-4 ファイルリストア［PBSのみ］ ················· 182
### 7-6-5 ホストのリストア（Proxmox Backup Client）［PBSのみ］ ··· 182

## 7-7 | Proxmox BSのリモート同期（レプリケーション） ········· 182

### 7-7-1 リモートProxmox BSの追加［PBSのみ］ ············· 183
### 7-7-2 リモート同期ジョブ［PBSのみ］ ················· 183

## 7-8 | Proxmox BS導入の代表的な構成例 ··················· 186

### 7-8-1 単一拠点への導入 ······························· 186
### 7-8-2 2拠点への導入 ······························· 188
### 7-8-3 1対多構成での導入 ······························· 188

## 第8章 Proxmox VEへの仮想マシンの移行 ·············· 191

### 8-1 仮想マシン移行方式 ······························ 192

### 8-2 仮想マシン移行の準備 ························· 192

8-2-1 ゲストツールのアンインストール ·················· 193
8-2-2 ネットワークの設定のバックアップ ················ 193
8-2-3 暗号化された仮想マシンの復号化 ················ 193
8-2-4 VirtIOドライバ・QEMUゲストエージェントのインストール ·········· 193

### 8-3 仮想マシンの移行 ······························· 194

8-3-1 仮想ハードディスクのインポート—Linux ·············· 194
8-3-2 仮想ディスクのインポート—Windows ················ 196
8-3-3 OVFを利用した仮想マシンの移行 ················ 201
8-3-4 Web管理ツールを利用したvSphere上の仮想マシンの移行 ·········· 204

## 第9章 Proxmox VEの周辺ソリューション—Veeam Backup for Proxmox ／Zabbix／HashiCorp Terraform／NVIDIA vGPU ········· 209

### 9-1 Veeam Backup for Proxmox ······················ 210

9-1-1 Veeam Backup & Replicationの構成 ··············· 210
9-1-2 Veeam Backup for Proxmoxの特徴と
Proxmox Backup Serverとの比較 ················ 212
9-1-3 仮想マシンのバックアップとリストア ················ 214
9-1-4 インスタントVMリカバリ ····················· 219
9-1-5 ファイルレベルリストア ····················· 222

### 9-2 Zabbix ······································· 225

9-2-1 Zabbixの監視方式 ······················· 225
9-2-2 Proxmox VEの標準監視機能とZabbixの比較 ·········· 226
9-2-3 Proxmox VEの事前準備 ····················· 227
9-2-4 ZabbixへのProxmox VEの追加 ················ 228
9-2-5 テンプレートの設定 ······················· 230
9-2-6 Proxmox VEに関するリソース監視 ··············· 232
9-2-7 アラートと通知の設定 ····················· 233

## 9-3 | HashiCorp Terraform ・・・・・・・・・・・・・・・・・・・・・・・・・・・・・ 235

9-3-1 ITインフラストラクチャの自動化 ・・・・・・・・・・・・・・・・・・・・・・・・・・・・ 235

9-3-2 コミュニティ版Terraformの概要 ・・・・・・・・・・・・・・・・・・・・・・・・ 236

9-3-3 コードによる仮想マシンのプロビジョニング ・・・・・・・・・・・・・・・・・・・・・ 237

9-3-4 HashiCorp Cloud Platform Terraform（HCP Terraform）・・・・・・・・・ 241

## 9-4 | NVIDIA vGPU ・・・・・・・・・・・・・・・・・・・・・・・・・・・・・・・・・・・・ 242

9-4-1 NVIDIA vGPUのコンポーネント ・・・・・・・・・・・・・・・・・・・・・・・・・・・ 244

9-4-2 Proxmox VE環境でのvGPUの設定 ・・・・・・・・・・・・・・・・・・・・・・・ 244


索引 ・・・・・・・・・・・・・・・・・・・・・・・ 249

第 **1** 章

The Practical Guide to Server Virtualization for Proxmox VE

# Proxmox VE の特徴

本章では、オープンソースで提供されるサーバー仮想化ソフトウェア
Proxmox VE の概要と特徴を解説します。さらに、Proxmox VE の
オープンソースライセンスと商用サブスクリプション、開発コミュニティ
についても説明します。本章により、Proxmox VE の全容が見えてくる
はずです。

# 1-1 Proxmox VEとは?

　Proxmox Virtual Environment(Proxmox VE)は、サーバー仮想化のためのオープンソースプラットフォームであり、KVM(Kernel-based Virtual Machine)をベースにした完全仮想化と、LXC(Linux Containers)によるコンテナ仮想化を統合した高度な仮想化ソリューションを提供します。Proxmox VEのアーキテクチャは、システム全体を効率的に管理し、高可用性(HA)、クラスタリング、柔軟なストレージ、ネットワーク仮想化、セキュリティ機能など、エンタープライズ向けの機能をシームレスに統合しています。

**図1-1:Proxmox VEのソフトウェア構成**

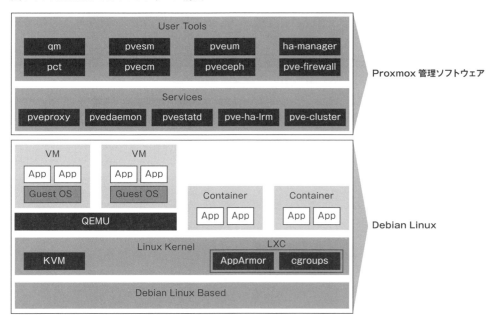

## 1-1-1
## ハイパーバイザー層：KVM と LXC

　Proxmox VEのコアとなる仮想化技術は、KVMとLXCです。KVMはLinuxカーネルに統合された完全仮想化ハイパーバイザーで、物理サーバー上に複数の仮想マシン(VM)をホストし、各VMが独立したオペレーティングシステムを実行できるようにします。KVMは、ハードウェア仮想化機能を使用して、仮想マシンに高いパフォーマンスを提供し、Windows、Linux、BSDなど、さまざまなOSを実行できます。

一方、LXCは、軽量なコンテナ仮想化技術であり、Linuxカーネルを共有しながら、各コンテナに独立したユーザー空間を提供します。コンテナは従来の仮想マシンに比べてリソース消費が少なく、迅速なデプロイと効率的なリソース管理が可能です。LXCコンテナは、アプリケーションの分離や特定のサービスのサンドボックス化に適しており、DevOpsのシナリオや軽量なサービス提供において有効です。

Web管理ツールを使った仮想マシンやコンテナの管理については第3章で解説します。

## 1-1-2
# クラスタリングと高可用性（HA）

Proxmox VEは、複数の物理サーバーをクラスタにまとめ、仮想マシンやコンテナを一元管理できるクラスタリング機能を備えています。クラスタ内の各ノードはCorosyncと呼ばれるプロトコルを使って相互に通信し、ステータス情報をリアルタイムで共有します。これにより、クラスタ内の任意のノードで障害が発生しても、他のノードが自動的に対応し、仮想マシンやコンテナが継続的に稼働するよう設計されています。

高可用性（HA）機能は、Proxmox VEのクラスタリング機能の一部として統合されており、仮想マシンやコンテナが特定のノードで稼働中にそのノードが障害を起こした場合、他のノードで自動的に再起動される仕組みを提供します。これにより、サービスのダウンタイムを最小限に抑えることが可能です。Proxmox VEのHA機能は、エンタープライズレベルの可用性要求を満たし、ミッションクリティカルなアプリケーションの安定稼働をサポートします。

また、Proxmox VEでは、クラスタリングやその他の機能のために別途管理サーバーを構築する必要はありません。各サーバーで動作するWeb管理ツールは、単体サーバーで動作するときもクラスタリング構成のときも同様に利用することができます。

Proxmox VEのクラスタリングについては第4章で解説します。

## 1-1-3
# ストレージアーキテクチャ

Proxmox VEのストレージシステムは、非常に柔軟で多機能です。Proxmox VEは、複数のストレージバックエンドをサポートしており、ユーザーは環境に応じて最適なストレージソリューションを選択できます。以下のようなストレージオプションがあります。

● ローカルディスクストレージ:各ホストに接続された物理ディスクをそのまま使用するシンプルなストレージ構成です。

● 外部ストレージ:NFS、iSCSI、SMB/CIFSなどのプロトコルを利用して、ネットワーク経

由でストレージをマウントし、共有することが可能です。これにより、クラスタ全体でストレージを共有し、仮想マシンやコンテナの移動を容易にします。

● ZFS:Proxmox VEは、ZFSファイルシステムをサポートしており、スナップショット、データ圧縮、RAID構成などの高度な機能を提供します。ZFSは、データ保護とパフォーマンスの両方を重視したファイルシステムであり、エンタープライズ環境でも広く利用されています。

● Ceph:Proxmox VEは、分散型ストレージソリューションとしてCephを統合しています。Cephは、オブジェクトストレージ、ブロックストレージ、ファイルシステムとして機能し、スケーラブルで高可用性のストレージを提供します。Cephを使うことで、クラスタ内の複数のノードにまたがる分散ストレージを構築でき、仮想マシンやコンテナのデータが自動的に冗長化されます。

このように、Proxmox VEは、ストレージへの多様なニーズに対応するための包括的なソリューションを提供しており、シンプルな構成から高度に冗長化された分散ストレージまで、さまざまな規模のインフラストラクチャに適応可能です。

Proxmox VEのストレージについては第5章で解説します。

## 1-1-4

# ネットワークアーキテクチャと SDN

Proxmox VEのネットワークアーキテクチャは、仮想ブリッジまたはOpen vSwitchを利用して仮想マシンやコンテナのネットワークを物理ネットワークと接続します。仮想ブリッジは、物理NICと仮想NICを接続するための仮想スイッチとして機能し、VLANのサポートにより、ネットワークの分離やセグメント化を容易にします。

さらに、Proxmox VEは、SDN(Software-Defined Networking)をサポートしています。SDNは、ネットワークの制御プレーンとデータプレーンを分離し、集中管理を可能にするネットワーク仮想化技術です。SDNにより、仮想マシンやコンテナのネットワーク設定を動的に変更したり、ネットワーク全体のポリシーをプログラム的に制御したりすることが可能です。

Proxmox VEのSDN機能は、仮想ネットワークの自動化と管理の柔軟性を向上させます。これにより、ネットワークトポロジーの動的な変更、トラフィックの最適化、セキュリティポリシーの一貫した適用が可能となり、運用の効率性が向上します。

Proxmox VEのネットワークについては第6章で解説します。

## 1-1-5

# セキュリティと認証

　Proxmox VEは、多層的なセキュリティ機能を提供し、システム全体の安全性を確保します。各仮想マシンやコンテナに対してファイアウォールを設定できるほか、ロールベースのアクセスコントロール（RBAC）を使用して、ユーザーごとの権限を細かく設定できます。また、2要素認証（2FA）をサポートしており、認証プロセスにおいて追加のセキュリティレイヤーを提供します。

　さらに、Proxmox VEは、暗号化通信（SSL/TLS）を使用して管理インターフェースの安全性を確保します。これにより、Webベースの管理インターフェースやAPIアクセスにおいて、データが暗号化され、不正アクセスから保護されます。

## 1-1-6

# バックアップとリストア

　Proxmox VEは、仮想マシンやコンテナのデータ保護のために、統合バックアップシステムを提供しています。バックアップは、スケジュール設定が可能で、定期的に自動で実行されます。また、バックアップの方式として、フルバックアップと差分バックアップを選択でき、効率的なデータ管理が可能です。バックアップデータは、必要に応じて簡単にリストアすることができ、システム障害やデータ損失に対する強力な復旧手段を提供します。

　Proxmox VEのバックアップについては第7章で解説します。

## 1-1-7

# オープンソースとエンタープライズレベル

　ここまで説明してきたように、Proxmox VEのアーキテクチャは、KVMとLXCによる仮想化技術を中心に、クラスタリング、高可用性、柔軟なストレージオプション、SDN対応のネットワーク仮想化、強力なセキュリティ機能などを統合した、エンタープライズ向けの仮想化プラットフォームです。オープンソースの利点を活かし、追加ライセンス費用が発生せず、非常にコスト効果の高いソリューションを提供する一方で、エンタープライズレベルの要件にも対応できる柔軟性と拡張性を備えています。

The Practical Guide to Server Virtualization for Proxmox VE | CHAPTER 1

# 1-2 | Proxmox VEのオープンソースライセンスと商用サブスクリプション

　Proxmox VEのライセンスは、オープンソースのGNU Affero General Public License（AGPL）v3によって提供されています。これにより、Proxmox VEは無料で利用でき、ソースコードも公開されています。ユーザーは、Proxmox VEを自由にダウンロードしてインストールし、商用・非商用を問わず、あらゆる用途で使用することが可能です。

　AGPL v3ライセンスでは、GPL v3ライセンスをベースに、マネージドサービスで提供されるソフトウェアに対する強化された条件を追加したライセンスです。具体的には、Proxmox VEをマネージドサービスとして提供する場合でも、独自にソースコードに変更を加えているときには、そのソースコードを利用者に公開しなければならないという義務が生じます。これにより、ソフトウェアがマネージドサービスとして提供された場合でも、利用者がそのソースコードにアクセスできることが保証されます。

　Proxmox VEはすべての機能がオープンソースで提供されています。エンタープライズ環境向けには商用サブスクリプションサービスも提供されていますが、オープンソースのProxmox VEと機能的な差はありません。サブスクリプションを購入することのメリットとしては、技術サポートやエンタープライズ向けの安定版バイナリを提供するエンタープライズリポジトリへのアクセスが得られます。サブスクリプションがなくても、コミュニティサポートを活用してProxmox VEを運用することは可能ですが、技術サポートを受けたい場合や、エンタープライズ環境での安定性を求める場合には、サブスクリプションの購入が推奨されます。

　Proxmox Server Solutions社が提供する商用サブスクリプションには、以下のプランがあります。

- ● Community：エンタープライズリポジトリへのアクセスのみが含まれます。
- ● Basic：ベーシックな技術サポートとエンタープライズリポジトリへのアクセスが含まれます。
- ● Standard：迅速な技術サポートとエンタープライズリポジトリへのアクセスが含まれます。
- ● Premium：ミッションクリティカルなシステム向けに、無制限の技術サポートとエンタープライズリポジトリへのアクセスが含まれます。

表1-1:Proxmox Server Solutions社の商用サブスクリプションのプランの違い

|  | COMMUNITY | BASIC | STANDARD | PREMIUM |
|---|---|---|---|---|
| 1CPU当たりのメーカー定価 | 115ユーロ/年 | 355ユーロ/年 | 530ユーロ/年 | 1060ユーロ/年 |
| Proxmox VEの機能 | ■ | ■ | ■ | ■ |
| エンタープライズリポジトリの利用 | ■ | ■ | ■ | ■ |
| メーカーサポートの有無 | — | ■ | ■ | ■ |
| サポートチケットの数 | — | 3チケット/年 | 10チケット/年 | 無制限 |
| SLA | — | 1営業日内 | 4時間以内（営業日に限る） | 2時間以内（営業日に限る） |
| リモートサポート | — | — | ■ | ■ |
| オフラインアクティベーション | — | — | ■ | ■ |

　購入方法としては2つの方法があり、Proxmox Server Solutions社から直接オンラインで購入するか、または日本国内のリセラーパートナー経由での購入が可能です。リセラーパートナーからの購入時はリセラーパートナーの技術サポートを利用することになり、先述したサポートの内容と異なることがあるため注意が必要です。日本国内のリセラーパートナー経由で購入した場合、ユーロではなく円払いが可能で、日本語による技術サポートを受けることが可能になるというメリットがあります。

図1-2:2種類の購入方法

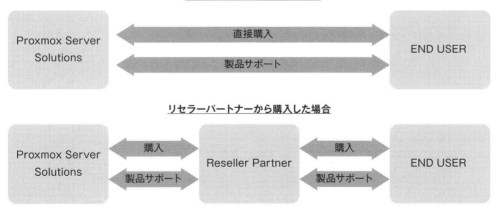

The Practical Guide to Server Virtualization for Proxmox VE    CHAPTER 1

# 1-3 │ Proxmox VEの開発コミュニティ

　Proxmox VEは、活発で広範な開発コミュニティによって支えられています。このコミュニティ
は、Proxmox VE、Proxmox Backup Server、Proxmox Mail Gatewayなどのオープンソー
スプロジェクトに関する情報共有や支援を行っており、世界中の多くのユーザーが参加していま
す。コミュニティの主な参加方法は次のとおりです。

● **Community Forum**:Proxmoxのユーザーや開発者が集まり、技術的な質問に対する
回答や最新情報の共有が行われているフォーラムです。このフォーラムは、Proxmoxチー
ムによって管理されており、幅広いトピックについて議論されています。特に、新機能のテス
トやバグの報告、問題の解決に関する情報が集まる重要な場所です。

　・Community Forum
　https://forum.proxmox.com/

● **Mailing Lists**:Proxmoxは、開発者向けとユーザー向けに分かれたメーリングリストを提
供しており、メールベースでのコミュニケーションを通じて情報を共有しています。特に開発
者向けのメーリングリストは、新機能の提案やバグフィックスの議論に使われています。

　・Proxmox Mailing Lists（開発者向け/ユーザー向け）
　https://lists.proxmox.com/cgi-bin/mailman/listinfo

● **Gitリポジトリとバグトラッカー**:ProxmoxのソースコードはGitリポジトリで管理されてお
り、誰でもアクセスしてコードの閲覧や貢献が可能です。バグや新機能のリクエストは、公開
されているバグトラッカーを通じて報告され、プロジェクトの改善に役立てられています。

　・Proxmox Gitリポジトリ
　https://git.proxmox.com/

　・Proxmox バグトラッカー
　https://bugzilla.proxmox.com/

● **ドキュメンテーションと翻訳**:Proxmoxのドキュメントは、ユーザーコミュニティによって継
続的に改善されており、技術的な執筆や翻訳にユーザーが貢献することもできます。ユー

008

ザーインターフェースは複数の言語に対応しており、翻訳の更新や新しい言語の追加が行われています。また、ソースコードとは独立した言語ファイルとして提供されており、開発者以外でも管理ツールの日本語の翻訳・修正といった形でオープンソースコミュニティに貢献することができます。

・Community Forum
https://forum.proxmox.com/

・Proxmox VEの言語ファイルの翻訳
https://pve.proxmox.com/wiki/Translating_Proxmox_VE

Proxmoxのコミュニティに参加することで、技術スキルの向上や他のユーザーとの交流ができるだけでなく、オープンソースプロジェクトの成長に貢献することも可能です。また、開発ロードマップについても、開発中の新機能の情報が公開されています。

https://pve.proxmox.com/wiki/Roadmap

Proxmox VEはベースとなるDebian Linuxのサポートライフサイクルに合わせた開発サイクルとなっています。おおよそ2年に一度のメジャーバージョンアップが行われており、1つのメジャーバージョンは約3年のサポート期間があることがわかります。

https://pve.proxmox.com/pve-docs/chapter-pve-faq.html#faq-support-table

**表1-2:Proxmox VEの世代バージョンとDebianの関係**

| Proxmox VE バージョン | Debian バージョン | 提供開始 | Debian EOL | Proxmox EOL |
|---|---|---|---|---|
| Proxmox VE 8 | Debian 12 (Bookworm) | 2023-06 | — | — |
| Proxmox VE 7 | Debian 11 （Bullseye） | 2021-07 | 2024-07 | 2024-07 |
| Proxmox VE 6 | Debian 10 （Buster） | 2019-07 | 2022-09 | 2022-09 |
| Proxmox VE 5 | Debian 9 （Stretch） | 2017-07 | 2020-07 | 2020-07 |
| Proxmox VE 4 | Debian 8 （Jessie） | 2015-10 | 2018-06 | 2018-06 |
| Proxmox VE 3 | Debian 7 （Wheezy） | 2013-05 | 2016-04 | 2017-02 |
| Proxmox VE 2 | Debian 6 （Squeeze） | 2012-04 | 2014-05 | 2014-05 |
| Proxmox VE 1 | Debian 5 （Lenny） | 2008-10 | 2012-03 | 2013-01 |

第 2 章

The Practical Guide to Server Virtualization for Proxmox VE

# Proxmox VE のインストール

本章では、前章で紹介した Proxmox VE のインストールについて、インストール対象となるサーバーやインストールメディアの準備を解説します。そして、Proxmox VE がサポートするさまざまなインストール方式について紹介します。

## 2-1 Proxmox VEをインストールするサーバーの準備

　Proxmox VEは、ベースOSとなるDebian Linuxと追加のソフトウェア（Proxmox VE管理ソフトウェア）の2つの要素で構成されています。KVMやQEMUなどのハイパーバイザーやコンテナを動作させるベースはDebian Linuxベースとなり、2024年8月時点のProxmox VE 8.xではDebian 12（Bookworm）が採用されています。少し乱暴な例えになりますが、VMware by BroadcomのvSphereに例えるとESXi部分をDebian Linuxが、vCenter Server部分をProxmoxの追加ソフトウェアが提供していると考えるとわかりやすいかもしれません。

**図2-1：Proxmox VEのソフトウェア構成**

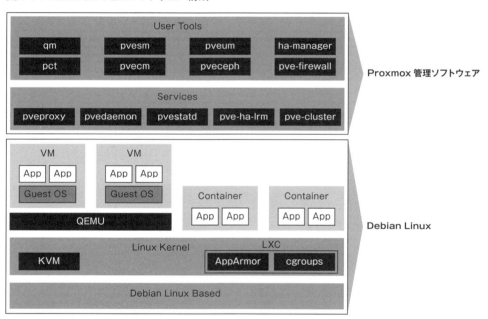

　Proxmox VEをインストールする際には、一般的なOSのインストールと同じように「Proxmox VE導入先のサーバーハードウェアのスペック」と「Proxmox VE導入先のサーバーハードウェアとDebian Linux 12との互換性」を事前に確認する必要があります。Proxmox VEではベースとなるOS部分はDebian Linuxを採用しているため、Debian Linux 12とProxmox VEの間ではサポートするハードウェアに互換性があるということになります。

Proxmox VE導入先ハードウェアとしては、下記の表2-1に示すリソースが要求されています。Proxmox VEでは各ホスト上で動作するサービスが管理サーバーの機能を提供しているため、他の多くのサーバー仮想化ソリューションのように管理サーバーを別途構築する必要はありません。Ceph/ZFSのようにProxmox VEのOS内で高度なストレージ機能を利用する場合にのみ、追加のメモリ容量が必要になるので注意が必要です。

**表2-1:Proxmox VE導入に必要なハードウェアスペック**

| | 最低要求スペック | 推奨スペック |
|---|---|---|
| CPU | 64 ビット Intel/AMD プロセッサ | Intel VT/AMD-V 対応 64 ビット Intel/AMD プロセッサ |
| メモリ | 1GB | ハイパーバイザー 2GB ＋ゲスト VM 用メモリ。Ceph/ZFS を利用する場合はストレージ領域 1TB につき 1GB |
| ストレージ（OS 領域） | HDD | 書き込みキャッシュが有効な RAID コントローラによる冗長化された SSD |
| NIC | NIC1 枚 | NIC2 枚以上 |

Proxmox VEと導入先のサーバーハードウェアとの互換性については、サーバーベンダーが提供するDebian Linuxとの互換性情報を確認してください。たとえば、Hewlett Packard Enterprise（HPE）社では以下のようなサイトで互換性情報が公開されており、サーバー購入前の事前確認に利用可能です。

https://www.hpe.com/psnow/doc/a00143576jpn

仮想マシンデータを保存する外部ストレージのサポートについては、第5章の「分散ストレージと外部ストレージの利用」を参照してください。

また、Proxmox VEの管理コンソールはWebベースで提供されており、Chrome、Firefox、Edge、Safariの主要ブラウザをサポートしています。

## 2-2 Proxmox VEのインストールメディアの準備

　Proxmox VEは、一般的なOSのインストールと同じようにインストールメディアを使って対象サーバーにインストールする必要があります。事前にProxmox VEのサイトで公開されているISOイメージをダウンロードして、インストールメディアを作成する必要があります。有償版・無償版を問わずISOイメージは同じものを利用することができます。

https://www.proxmox.com/en/downloads

**図2-2:Proxmox VEのISOイメージのダウンロードサイト**

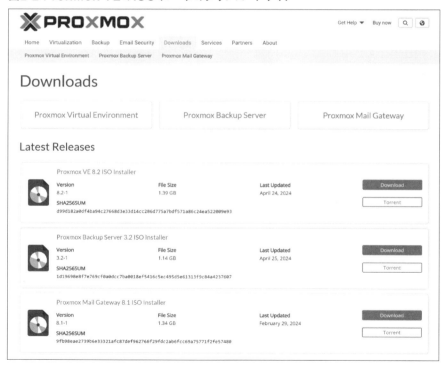

　ダウンロードしたISOイメージを使ってインストールメディアを作成する方法は3つあります。インストールするサーバーの環境に合わせて最適なものを選択することができます。

**1.ISOイメージをそのまま仮想ドライブとしてマウントしてインストール**
企業向けサーバーのIPMI（iLO/iDRAC/CIMCなど）経由でリモートコンソールが持つ
仮想ドライブ機能でISOファイルをマウントしてインストールする方式

**2.ISOイメージをDVDメディアに書き込んでインストール**
ISOイメージをDVDメディアに書き込んでインストールメディアを作成して、サーバー
のDVDドライブから起動してインストールする方式

**3.ISOイメージをUSBストレージに書き込んでインストール**
ISOイメージをUSBストレージに書き込んでインストールメディアを作成して、サーバー
のUSBデバイスから起動してインストールする方式

# 2-3 | Proxmox VEのインストーラを使ったインストール

前節で作成したインストールメディアを使ったインストールの手順を解説します。インストールメディアから起動して実行できるメニュー操作には以下のようなものがあります。

**表2-2:インストール時のメニューと用途**

| 選択可能なメニュー | 用途 |
| --- | --- |
| Install Proxmox VE(Graphical) | GUIインストーラを起動 |
| Install Proxmox VE(Terminal UI) | テキストベースのインストーラを起動 |
| Install Proxmox VE(Terminal UI,Serial Console) | シリアル接続で利用可能なテキストベースのインストーラを起動 |
| Install Proxmox VE(Automated) | 応答ファイルを使った自動インストールを起動 |
| Rescue Boot | 起動トラブルを修復するためのコンソールを起動 |
| Test Memory(memtest86+) | メモリの正常性チェックツールを起動 |

本書では一番利用されるであろう［Install Proxmox VE（Graphical）］の手順を解説します。

1. インストールメディアから起動するとインストーラを選択する画面が表示されます。

2. [Install Proxmox VE(Graphical)]を選択した後、ユーザー利用許諾について承諾して次に進みます。

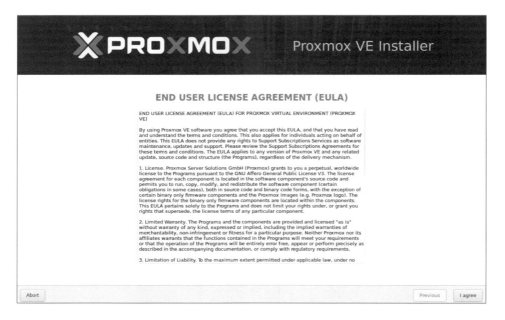

3. OSのインストール対象となるストレージデバイスを選択します。誤って共有ディスクを選

択しないように注意する必要があります。[Options]からインストール時のファイルシステムを選択可能です。既定値としてext4が選択されます。ext4以外にもxfs、ZFS、btrfsを選択することができます。

4. ロケーションとタイムゾーンを指定します。[Country]を入力すると最適な[Time zone]と[Keyboard Layout]が自動選択されます。

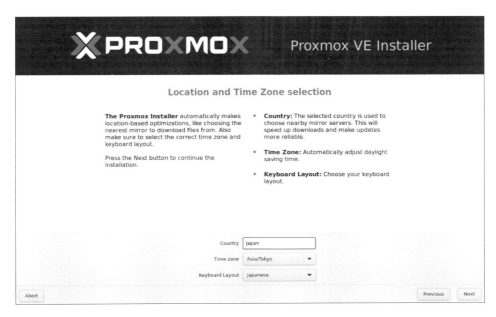

5.管理者のパスワードと管理者宛の通知を送るメールアドレスを指定します。

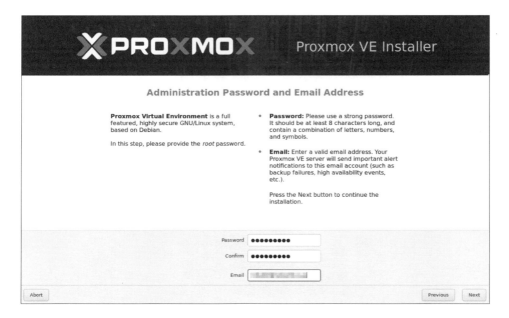

6.管理ネットワークのNICの指定とネットワーク情報を入力します。
　管理用IPとホスト名はインストール後に変更できないので注意が必要です。

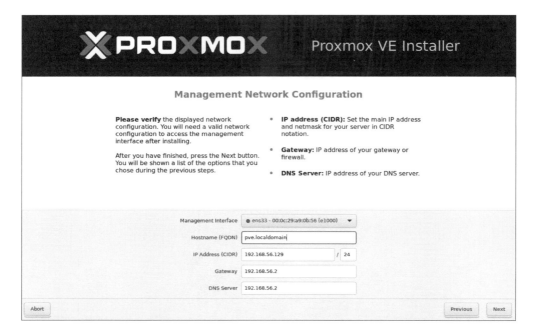

7. 最後にこれまでの入力項目のサマリーが表示されるので間違いないことを確認します。

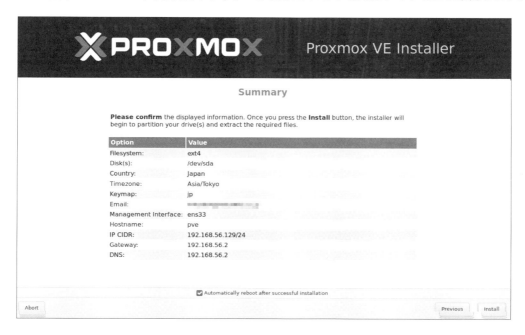

　正常にインストールが完了すると、ブラウザから「https://<入力した管理IPアドレス>:8006」にアクセスすることで、第3章で紹介するWeb管理ツールの利用を開始することができます。

## 2-4 Proxmox VEの追加インストール

　「2-3 Proxmox VEのインストーラを使ったインストール」ではサーバーに新規OSとしてインストールする方法を解説しました。Proxmox VEは、新規OSとしてのインストールだけでなく展開済みのDebian Linuxへの追加インストールがサポートされています。他の用途で利用していたDebian LinuxをそのままProxmox VEで利用するようなことはあまりないと思いますが、「サーバーへのOSインストールの自動化手順がすでに確立している環境」や「OSがインストール済みで提供されるIaaS環境においてProxmox VEを追加インストールできることで運用が簡素化されるような環境」では有効なインストール方式になります。

**The Practical Guide to Server Virtualization for Proxmox VE**　　CHAPTER 2

## 2-4-1

# パッケージリポジトリの追加

　Proxmox VEでは、Debian Linuxの標準パッケージマネージャaptに対応するパッケージリポジトリを公開することで、ソフトウェアを配布しています。Debian LinuxにProxmox VEのソフトウェアを追加インストールする場合には、パッケージリポジトリを事前に追加する必要があります。Proxmox VEのインストールメディアからインストールした場合には、自動的にこのProxmox VEのパッケージリポジトリは追加されているので、この項で説明するパッケージリポジトリの追加は不要です。

　パッケージリポジトリを追加する場合、Proxmox VEソフトウェアのパッケージリポジトリとCephソフトウェアのパッケージリポジトリのそれぞれから1つを選択する必要があります。Cephソフトウェアのパッケージリポジトリとしては執筆時点では、安定版のQuincyまたは最新版のReefパッケージから選択することができます。

　各パッケージリポジトリとしては、3つのパッケージリポジトリのいずれかを選択することができます。それは、Proxmox VEの商用ライセンスが必要なEnterprise Repository、商用ライセンスがなくても利用可能なNo-Subscription Repository、開発中の機能も利用可能なTest Repositoryの3つです。

**表2-3:Proxmox VEソフトウェアパッケージリポジトリの種類とURL**

| Proxmox VE ソフトウェアパッケージリポジトリ | リポジトリ URL |
|---|---|
| Proxmox VE Enterprise Repository | 既定値<br>deb https://enterprise.proxmox.com/debian/pve bookworm pve-enterprise |
| Proxmox VE No-Subscription Repository | deb http://download.proxmox.com/debian/pve bookworm pve-no-subscription |
| Proxmox VE Test Repository | deb http://download.proxmox.com/debian/pve bookworm pvetest |

**表2-4:Cephソフトウェアパッケージリポジトリの種類とURL**

| Ceph ソフトウェア パッケージリポジトリ | リポジトリ URL |
|---|---|
| Ceph Reef Enterprise Repository | deb https://enterprise.proxmox.com/debian/ceph-reef bookworm enterprise |
| Ceph Reef No-Subscription Repository | deb http://download.proxmox.com/debian/ceph-reef bookworm no-subscription |

| Ceph ソフトウェア パッケージリポジトリ | リポジトリ URL |
|---|---|
| Ceph Reef Test Repository | deb http://download.proxmox.com/debian/ceph-reef bookworm test |
| Ceph Quincy Enterprise Repository | 既定値<br>deb https://enterprise.proxmox.com/debian/ceph-quincy bookworm enterprise |
| Ceph Quincy No-Subscription Repository | deb http://download.proxmox.com/debian/ceph-quincy bookworm no-subscription |
| Ceph Quincy Test Repository | deb http://download.proxmox.com/debian/ceph-quincy bookworm test |

　選択したパッケージリポジトリをDebian Linuxに追加するには**/etc/apt/source.list**ファイルを変更します。

### 2-4-2
## 展開済み Debian Linux へのインストール

　パッケージリポジトリの追加を設定した環境では、パッケージマネージャaptを使って以下の手順（コマンド）で容易にProxmox VEをインストールできます。

```
# apt update
# apt install proxmox-ve
```

# 2-5 | Proxmox VEの自動インストール

　2-3節では、Proxmox VEのインストールメディアを使ってGUIインストーラで導入する手順を解説しました。GUIインストーラを使った手順では、インストールデバイスの指定や管理ネットワークの設定など必要最低限の設定を入力する必要がありました。

　Proxmox VEでは、大量のサーバーにインストールする場合などでインストール手順を簡素化するために、Proxmox VE 8.2から自動インストールをサポートするようになりました。Proxmox VEでは、一般的にOSの自動インストールでよく使われている、応答ファイルによるインストールの自動化が可能です。

図2-3:手動インストールと自動インストールの違い

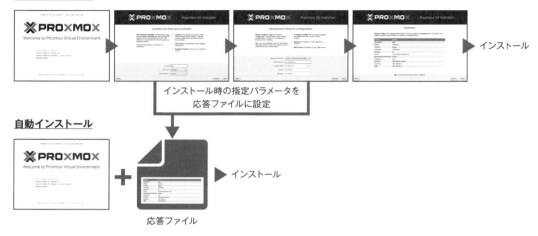

　Proxmox VEの自動インストールを利用するには、Proxmox VEのインストール済みの環境が必要です。その上で、有償版ライセンスを利用していない場合、「2-4-1　パッケージリポジトリの追加」の手順でProxmox VE No-Subscription Repositoryを追加してから、Proxmox VEの環境に追加パッケージ`proxmox-auto-install-assistant`を次のコマンドでインストールする必要があります。

```
# apt install proxmox-auto-install-assistant
```

　このパッケージをインストールすると、自動インストールで利用する専用のツールがインストールされます。`proxmox-auto-install-assistant`をインストールすると、以下のようなコマンドを利用できるようになります。

- `prepare-iso`:自動インストールで利用するイメージの作成
- `validate-answer`:応答ファイルの文法チェックの実施
- `device-match`:応答ファイル内で利用されるフィルタルールの確認
- `device-info`:フィルタルールで使うデバイス情報の取得
- `system-info`:フィルタルールで使うシステム情報の取得

## 2-5-1

# 自動インストールで利用する応答ファイルの準備

Proxmox VEの自動インストールでは、インストール時のパラメータを指定するために、TOMLフォーマットで記述された応答ファイルを作成する必要があります。TOMLフォーマットでは、セクション単位のキーバリュー型で記述される、テーブルと呼ばれる設定を管理できます。

シンプルな応答ファイルのサンプルは以下のようになります。

```
# [global]テーブルではGUIインストーラでも入力するような一般的なパラメータを指定
[global]
keyboard = "de"
country = "at"
fqdn = "pveauto.testinstall"
mailto = "mail@no.invalid"
timezone = "Europe/Vienna"
root_password = "123456"
root_ssh_keys = [
    "ssh-ed25519 AAAA..."
]

#[network]テーブルでは、管理用IPアドレスと利用するNICを指定
[network]
source = "from-dhcp"

#[disk-setup]テーブルでは、Proxmox VEのインストール先ディスクを指定
#仮想マシンデータの保存先のディスクの指定ではないので注意
[disk-setup]
filesystem = "zfs"
zfs.raid = "raid1"
disk_list = ["sda", "sdb"]
```

応答ファイル内で指定可能なパラメータは以下のとおりです。それらのパラメータはグローバルセクション、ネットワークセクション、ディスク設定セクションに分かれています。

### グローバルセクション

- **keyboard**:キーボードレイアウトとして次のオプションから指定します。de、de-ch、dk、en-gb、en-us、es、fi、fr、fr-be、fr-ca、fr-ch、hu、is、it、jp、lt、mk、nl、no、pl、pt、pt-br、se、si、tr。
- **country**:2文字形式の国コードを指定。たとえばjp、at、us、frなど。

The Practical Guide to Server Virtualization for Proxmox VE　　CHAPTER 2

- **fqdn**:ホストの完全修飾ドメイン名を指定します。ドメイン部分は検索ドメインとして使用されます。
- **mailto**:rootユーザーのデフォルトのメールアドレスを指定します。
- **timezone**:tzdata形式のタイムゾーン。Europe/ViennaまたはAsia/Tokyoのような形式で指定します。
- **root_password**:rootユーザーのパスワードを指定します。
- **root_ssh_keys**:インストール後にrootユーザーファイルに追加するSSH公開キーを指定します。この設定はオプション設定で必須ではありません。
- **reboot_on_error**:trueに設定すると、エラーが発生したときにインストーラが自動的に再起動します。デフォルトの動作では、管理者がインストールに失敗した理由を調査できるようにするためにエラー画面の状態で待機します。

### ネットワークセクション

- **source**:静的ネットワーク構成の取得元。from-dhcpまたはfrom-answerを設定します。from-dhcpに設定すると、他のネットワークオプションは無視され、インストーラはアクティブなNICでインストール中に受信したDHCP設定を使用して静的ネットワーク構成を書き出します。from-answerの場合、応答ファイル内のネットワーク設定が利用されます。
- **cidr**:CIDR表記のIPアドレスを指定します。例:192.168.1.10/24
- **dns**:DNSサーバーのIPアドレスを指定します。
- **gateway**:デフォルトゲートウェイのIPアドレスを指定します。
- **filter**:記述したフィルタルールに基づいてネットワークカードを選択します。NICの製造元ベンダーやMACアドレスの一部を使ったフィルタを利用することができます。

### ディスク設定セクション

- **filesystem**:インストールドライブで利用するファイルシステムを次の設定から選択します。ext4、xfs、zfs、btrfs。
- **disk_list**:使用するディスクデバイスを明示的に指定するのに利用します。ディスク名がわかっている場合に便利です。設定例はdisk_list = ["sda", "sdb"]。
- **filter**:記述したフィルタルールに基づいて、インストール用のディスクを選択します。ディスクの製造元ベンダーやシリアルを使ったフィルタを利用できます。ただし、注意点としてはdisk_listまたはfilterのいずれか一方を使用してください。両方を利用することはできません。
- **filter_match**:anyまたはallを指定できます。filterでディスクを選択する際に、いずれかのフィルタが一致すれば十分な場合はany、すべてのフィルタが一致する必要がある場合はallを指定します。デフォルトはanyです。

●**zfs**：ZFS固有のプロパティを定義します。その内容についてはドキュメントのZFS詳細オプションを参照してください。指定できるプロパティは、raid、ashift、arc_max、checksum、compress、copiesです。また、ext4やxfsを選択したときのLVMのプロパティはhdsize、swapsize、maxroot、maxvz、minfreeです。btrfsで使用できるプロパティはraid、hdsize、compressです。

フィルタルールの詳細については下記URLのドキュメントを確認してください。このドキュメントでは、サンプルのほか、proxmox-auto-install-assistantコマンドを使った情報取得、フィルタルールの動作確認について解説しています。

https://pve.proxmox.com/wiki/Automated_Installation#Disk_Setup_Section

作成した応答ファイルに誤りがないかどうかの文法チェックは、以下のコマンドで実行可能です。ただし、指定したパラメータが正しいかどうかは確認されない点には注意してください。

```
# proxmox-auto-install-assistant validate-answer answer.toml
```

たとえばKeyboardの指定を**jp**とするべきところを**japan**と指定していると、以下のようにサポートされている値の中から選択して入力するようにエラーが表示されます。

```
Error parsing answer file: TOML parse error at line 2, column 12
  |
2 | keyboard = "japan"
  |            ^^^^^^^
unknown variant `japan`, expected one of `de`, `de-ch`, `dk`, `en-gb`,
`en-us`, `es`, `fi`, `fr`, `fr-be`, `fr-ca`, `fr-ch`, `hu`, `is`, `it`,
`jp`, `lt`, `mk`, `nl`, `no`, `pl`, `pt`, `pt-br`, `se`, `si`, `tr`
```

また、文法チェックでは、誤りが1つ検出された時点で結果を返して停止します。必ずエラーが表示されなくなるまで繰り返し実行してください。Proxmox VE 8.3以降では自動応答ファイルだけでなく、初回起動時に任意のスクリプトを実行することもできるようになり、より柔軟な自動インストールを行うことができます。

## 2-5-2
# 自動インストール用インストールメディアの作成

proxmox-auto-install-assistantを利用すると、自動インストールの応答ファイルの

格納場所によって3つのタイプのISOイメージを作成できます。

1. インストールメディア内に応答ファイルを保存
2. 外部ファイルシステムに応答ファイルを保存
3. Webサーバーに応答ファイルを保存

**図2-4：応答ファイルの格納場所によって異なるISOイメージ**

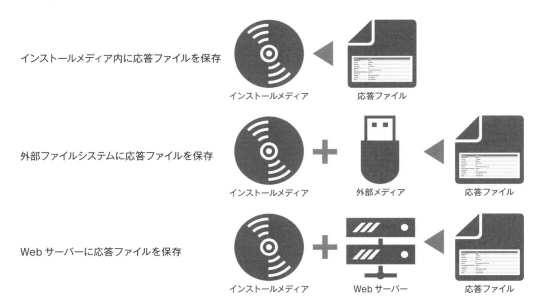

「インストールメディア内に応答ファイルを保存」は、Proxmox VEのサイトからダウンロードしたISOイメージに応答ファイルを組み込んでカスタムISOイメージを作成する方法です。この方法は、サーバーA用のインストールメディア、サーバーB用のインストールメディアといった個別管理を可能にするため、特定のサーバーとインストールメディアを1対1で紐づけて管理したい場合には有効です。

```
# proxmox-auto-install-assistant prepare-iso /path/to/source.iso
--fetch-from iso --answer-file /path/to/answer.toml
```

上記コマンドを実行すると、次のように元のISOイメージのファイル名に「-auto-from-iso」が付与された自動インストール用のISOイメージが作成されます。

```
Checking provided answer file...
The file was parsed successfully, no syntax errors found!
Copying source ISO to temporary location...
Preparing ISO...
Moving prepared ISO to target location...
Final ISO is available at ".4/proxmox-ve_8.2-1-auto-from-iso.iso".
```

　--fetch-fromオプションにisoを指定して作成されたISOイメージには、ルートディレクトリにあるAUTO_INSTALLER_MODE.TOMLファイルに自動インストール方式「iso」が設定されており、同じくルートディレクトリに保存されたANSWER.TOMLファイルが自動インストール時に読み込まれます。

　2つ目の「外部ファイルシステムに応答ファイルを保存」は、USBメモリのような外部ファイルシステムに応答ファイルを保存して、インストールメディアから起動したインストーラが応答ファイルを参照する方式です。不特定のサーバーとインストールメディアをN:1で紐づけて管理できますが、外部ファイルシステムに保存された特定サーバー向けの応答ファイルを、何らかの形でマウントする必要があります。そのため、企業向けサーバーのIPMI（iLO/iDRAC/CIMCなど）を経由させ、リモートコンソールが持つ仮想ドライブ機能でインストールメディアをDVDドライブとして、応答ファイルを保存したファイルシステムをフロッピーデバイスとして認識させてインストールする、といった用途に対応するほか、多くのサーバーの再インストール用のインストールメディアのメンテナンスを容易にするといった特殊な用途で有効なオプションであると言えます。

```
# proxmox-auto-install-assistant prepare-iso /path/to/source.iso
--fetch-from partition
```

　上記コマンドを実行すると、元のISOイメージのファイル名に「-auto-from-partition」が付与された自動インストール用のISOイメージが作成されます。

```
Copying source ISO to temporary location...
Preparing ISO...
Moving prepared ISO to target location...
Final ISO is available at ".4/proxmox-ve_8.2-1-auto-from-partition.iso".
```

　--fetch-fromオプションにpartitionを指定して作成されたISOイメージでは、ルートディレクトリにあるAUTO_INSTALLER_MODE.TOMLファイルに自動インストール方式「partition」が設定されています。このisoイメージからインストーラを起動すると、「PROXMOX-AIS」または「proxmox-ais」という外部メディアのパーティションラベルを持つファイルシステム上の「answer.toml」ファイルを検出し、自動インストールが実行されます。

The Practical Guide to Server Virtualization for Proxmox VE　　CHAPTER 2

　3つ目の「Webサーバーに応答ファイルを保存」は、インストールメディアから起動したインストーラが、外部のWebサーバーが公開する応答ファイルを参照する方式です。応答ファイルをサーバーで一括管理するため、応答ファイルを頻繁にメンテナンスするような環境では非常に有効な方法となります。

```
# proxmox-auto-install-assistant prepare-iso /path/to/source.iso
--fetch-from http --url "https://10.0.0.100/get_answer/" --cert-
fingerprint "04:42:97:27:F6:29:2F:9F:3D:7F:13:11:C8:E2:F5:5F:84:03:95:D9
:F5:14:72:7C:9E:90:47:03:D2:96:2B:EC"
```

　--fetch-fromオプションにhttpを指定して作成されたISOイメージでは、ルートディレクトリにあるAUTO__INSTALLER__MODE.TOMLファイルに自動インストール方式「http」と応答ファイルの取得先となるURLが設定されています。Webサーバーとして指定したURLにanswer.tomlファイルを配置してください（上記の例ではhttps://10.0.0.100/get_answer/answer.toml）。応答ファイル内のURLの値にはanswer.tomlを含める必要はありません。
　HTTP経由の応答ファイルの取得は集中管理ができて便利ですが、これまでのインストール方式と同様に、作成したインストールメディアと応答ファイルは1対1で紐づけられます。複数台のサーバーで1つの応答ファイルを共有するため、既定の設定で利用するにはネットワーク設定を複数台の共通設定としてDHCPを利用する必要があります。
　また、複数台のサーバーで複数の応答ファイルを共有する場合には、応答ファイルを配布するWebサーバーでスクリプトを実行して応答ファイルを動的に配信するような仕組みが必要です。公式ドキュメントの「Serving Answer Files Depending on MAC Address via Python」では、Pythonを使ったサンプルが公開されており、このサンプルではMACアドレスによって応答ファイルを自動的に選択するようになっています。

●参考URL：「Automated Installation」
https://pve.proxmox.com/wiki/Automated_Installation

## 2-5-3
# 作成したインストールメディアを使った自動インストール

　応答ファイルと自動インストールのインストールメディアが準備できたら、Proxmox VEの自動インストールを実行できます。通常のインストールメディアでは［Install Proxmox VE（Graphical）］が既定値として選択されますが、自動インストールのインストールメディアで起動すると［Install Proxmox VE（Automated）］が既定値として選択され、これを選択するかタイ

028

ムアウトになるとインストーラが起動されるように変更されています。インストーラが起動されると、インストールメディアに指定された応答ファイルにアクセスして自動インストールが実行されます。

**図2-5: [Install Proxmox VE(Automated)]が選択される**

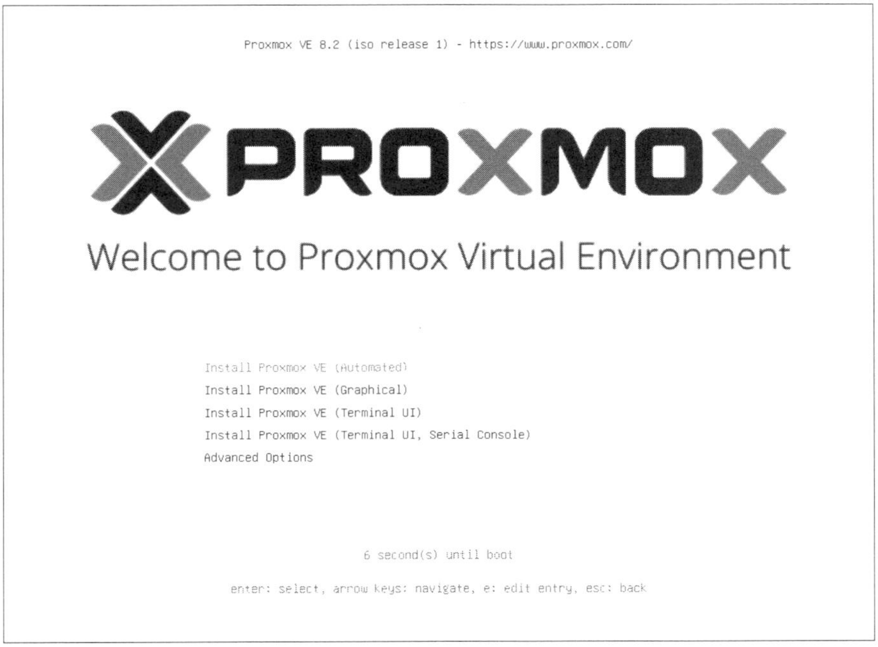

第 $3$ 章

The Practical Guide to Server Virtualization for Proxmox VE

# Web ツール／コンソールによる
# 運用管理

本章では、インストールした Proxmox VE の Web 管理ツールを使った
運用管理を解説します。Proxmox VE では Web 管理ツールからのホ
スト／仮想マシン／コンテナの管理、仮想ネットワークの管理、ストレー
ジの管理を行うことができます。特に、この章ではホスト、仮想マシン、
コンテナの管理について、Web 管理ツールに加えてコンソールアクセス
での方法も紹介していきます。

## 3-1 Proxmox VEの管理ツール

　Proxmox VEには、仮想マシンやコンテナの作成／管理、ホストの追加／設定を行う方法として以下の3つの手段があります。

・pveproxyサービスが提供するWeb管理ツールでの管理
・SSHクライアントを使ったコンソールアクセス
・HTTPリクエストによるREST APIを使った自動化

　本章では、Web管理ツールを使った管理を中心に解説しつつ、Web管理ツールから変更できない設定についてはコンソールアクセスによる管理を紹介します。REST APIを使った自動化については第9章でHashicorp Terraformを使ったProxmox VEの仮想マシンやコンテナ管理の自動化を紹介します。

**図3-1：Web管理ツール**

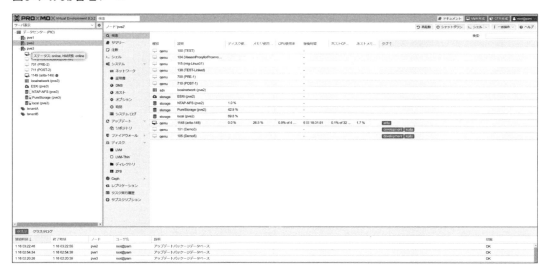

図3-2:SSHを使ったコンソールアクセス

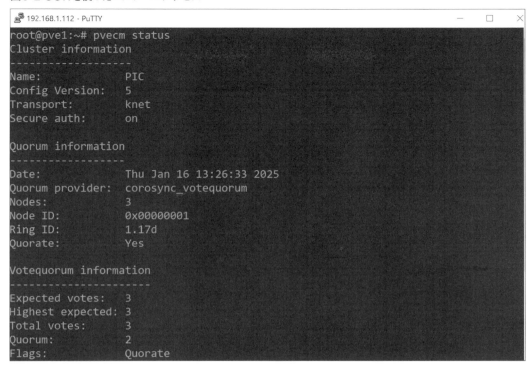

　Web管理ツールを利用するには、Proxmox VEのホストの8006番ポートで起動しているpveproxyサービスにWebブラウザでアクセスします。他の仮想基盤製品でもWebブラウザを使った管理を提供していますが、Proxmox VEのpveproxyサービスでは管理サーバーを別途構築することなく、管理対象のサーバーの台数に関係なくProxmox VEの管理を実現できます。第4章で紹介するProxmox VEのクラスタ構成の環境では、クラスタ内のどのホストに接続してもすべてのホストを管理できるWeb管理ツールにアクセスすることができます。

　・接続元:Webブラウザ
　・接続先:https://<Proxmox VEホスト>:8006/

　コンソールアクセスはSSHサービスで提供され、インストール時に指定したrootユーザーまたは追加作成したユーザーで、接続元のSSHクライアントからログインします。また、Proxmox VEのユニークな機能として、Web管理ツールから各ホストのコンソールにシングルサインオンでのコンソールアクセスが可能です。

　・接続元:SSHクライアント
　・接続先:<Proxmox VEホスト>:22

図3-3:Web管理ツールからのコンソールアクセス

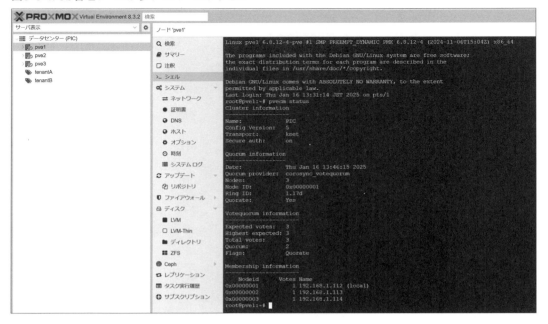

# 3-2 Proxmox VEのユーザーと権限の管理

　Proxmox VEでは、管理ツールへのアクセス時に認証を行う必要があります。そこで本節ではProxmox VEの認証形式とユーザーアカウントとグループアカウント、そしてProxmox VEのリソースに対するアクセス権限について解説します。既定ではLinux PAM standard authenticationとProxmox VE authentication serverが認証ソース（レルム）として設定されています。これらの2つの認証ソースは無効化することはできません。

　Linux PAM standard authenticationは、Proxmox VEが稼働するノード内のDebian LinuxのPAM認証と連携します。Web管理ツールの認証でこれを利用するには、あらかじめ各ノード内でユーザーアカウントが作成済みとなっている必要があります。Linux PAM standard authenticationの認証方式は、Proxmox VEのWeb管理ツールの認証だけでなく、Proxmox VEノードのコンソールアクセスとアカウントが共通で使われます。したがってProxmox VEのWeb管理ツールとProxmox VEコンソールの両方を使うユーザーアカウントでは、Linux PAM standard authenticationの利用が推奨されます。

もう一方のProxmox VE authentication serverは、Proxmox VEのクラスタを構成する複数台のProxmox VEノードで利用可能な専用の認証サーバーです。Linux PAM standard authenticationとは違い、事前にOS側でアカウントを作成する必要はありませんが、Proxmox VEのWeb管理ツールの認証でのみ利用可能なユーザーアカウントになります。また、グループアカウントを作成できるので、Linux PAM standard authenticationのユーザーアカウントとProxmox VE authentication serverのユーザーアカウントを同じグループに追加して、グループアカウントを使った権限管理を利用することができます。

**表3-1：認証形式と機能の違い**

| | Linux PAM standard authentication | Proxmox VE authentication server |
|---|---|---|
| 別途インストール・設定 | 必要なし | 必要なし |
| 認証対象 | Proxmox VE コンソール、Proxmox VE Web 管理ツール | Proxmox VE Web 管理ツール |
| ユーザーアカウントの作成 | 可能。サーバーごとに OS のユーザーの事前作成が必要 | 可能 |
| グループアカウントの作成 | 不可 | 可能 |
| グループアカウントへの追加 | 可能 | 可能 |

また、追加の外部認証ソースとして、Active Directory Server、LDAP Server、OpenID Connect Serverをサポートしています。

Proxmox VEで管理されたユーザーアカウントは、認証形式にかかわらず、Proxmox VE authentication serverに作成されたグループアカウントにメンバーとして追加できます。1つのユーザーアカウントは複数のグループに所属することができます。

グループアカウントを利用することで、この後に紹介するProxmox VEリソースに対するアクセス制御を行う際に、ユーザー作成のたびにリソースにユーザーのアクセス権を追加設定することなく、ユーザー作成時にアクセス権をグループに所属させるだけで同一グループに所属するユーザーアカウントでまったく同じアクセス権の設定を行うことができます。

こうして作成したユーザーアカウントとグループアカウントを使って、ロールベースのアクセス権限の管理を実現できます。データセンター、リソースプール、仮想マシン、コンテナ、ストレージ、ゾーンにおいて、どのアカウントに対してどのような権限（ロール）を付与するのかを設定することができます。リソースに対するアクセス権限の設定はほとんどWeb管理ツールのクラスタの［アクセス権限］から設定することができます。

**図3-4:クラスタ全体のアクセス権限の設定**

ただし、ネットワークリソースに対するアクセス権限の設定だけは、[<クラスタ>]→[<ホスト>]→[localnetwork]で行う必要があります。設定されたアクセス権限は[<クラスタ>]→[アクセス権限]から確認することができます。ネットワークリソースに対するアクセス権限を設定することで、特定ユーザーには特定のVLAN上にのみ仮想マシンを作成できないようにするといった運用が可能です。

**図3-5:ネットワークリソースに対するアクセス権限の設定**

どのような権限を付与するかについては、あらかじめ権限が設定された以下のロールから選択することで決まります。

- `Administrator`：完全な権限を持つ
- `NoAccess`：権限がない（アクセスを禁止するために使用されます）
- `PVEAdmin`：ほとんどのタスクを実行できるが、システム設定（Sys.PowerMgmt、Sys.Modify、Realm.Allocate）または権限変更（Permissions.Modify）などの権限は含まない
- `PVEAuditor`：読み取り専用アクセス権
- `PVEDatastoreAdmin`：バックアップスペースとテンプレートを作成して割り当てる
- `PVEDatastoreUser`：バックアップスペースを割り当て、ストレージを表示する
- `PVEMappingAdmin`：リソースマッピングを管理する
- `PVEMappingUser`：リソースマッピングを表示および使用する
- `PVEPoolAdmin`：リソースプールを割り当てる

- **PVEPoolUser**：リソースプールを表示
- **PVESDNAdmin**：SDN構成を管理する
- **PVESDNUser**：ブリッジ／VNet(Virtual Network)へのアクセス
- **PVESysAdmin**：監査、システムコンソール、システムログ
- **PVETemplateUser**：テンプレートの表示と複製
- **PVEUserAdmin**：ユーザーを管理する
- **PVEVMAdmin**：VMを完全に管理する
- **PVEVMUser**：表示、バックアップ、CD-ROMの構成、VMコンソール、VM電源管理

より細かな特権単位として、たとえば仮想マシンへのコンソールアクセスだけを許可するといったロールを作成することも可能です。

また、Proxmox VEでアクセス権限を設定可能なリソースとしてリソースプールがありますが、Broadcom社のvSphereで提供されるコンピューティングリソースを抽象化したリソースプールとはまったく異なります。Proxmox VEのリソースプールは、複数のユーザーアカウントの管理性を向上させるグループアカウントのように、仮想マシンやストレージリソースをグループ化してリソースプールとして管理することで、リソースに対するアクセス権限の管理性を向上させます。

●参考URL：「User Management」
https://pve.proxmox.com/wiki/User_Management

**図3-6：Proxmox VEの権限管理の考え方**

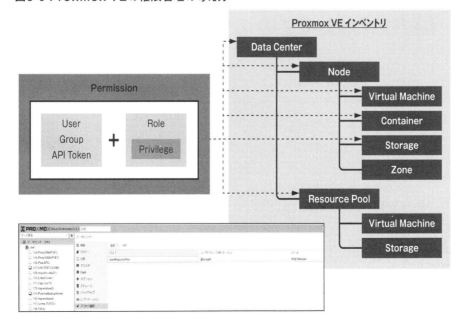

The Practical Guide to Server Virtualization for Proxmox VE　　CHAPTER 3

　ここまで解説してきたProxmox VEのユーザーアカウントの認証では、外部サービスに依存しない2要素認証の利用をサポートしています。TOTP（Time-based One-Time Password）、WebAuthn、リカバリキー、YubiKeyの4種類の2要素認証をサポートしており、さらにOATH/TOTP、Yubico（YubiKey）は認証ソース（レルム）単位でユーザー認証時の2要素認証の利用を強制することが可能です。

**図3-7:Proxmox VEでの2要素認証のサポート**

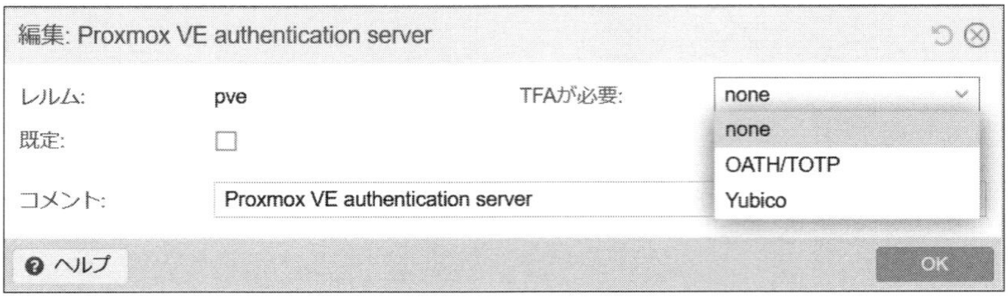

　すべての利用者に2要素認証を強制することもできますし、サービス事業社が利用者にWebアクセスを提供する際にサービス事業社の管理者アカウントのみに2要素認証を設定することもできます。このように用途に応じた柔軟な構成が可能です。

# 3-3 ｜ Proxmox VEの通知

　Proxmox VEでは、システムで発生したいくつかのイベントについて管理者に通知します。この通知の宛先や通知方式についてWeb管理ツールから設定することができます。既定では、以下のイベントが発生すると、インストール時に指定したrootユーザーのメールアドレス宛に、ホストで稼働するSMTPサーバーからメール送信が行われます。

- 利用可能なアップデートの検出時
- クラスタノードの隔離時
- ストレージレプリケーションジョブの失敗時
- バックアップの成功・失敗時
- rootユーザー宛のメール受信時

038

rootユーザーに届いたメールは、インストール時に指定した管理者のメールアドレスにも送信されます。

**図3-8：既定のProxmox VEの通知設定**

　既定では、rootユーザー宛のメール通知設定しかされていませんが、［データセンター］→［通知］を選び、通知先と通知方式を管理する［通知ターゲット］（送信ターゲット）と、通知の振り分けルールを実現する［通知Matchers］を設定して、柔軟な通知設定を行うことができます。

　通知ターゲットでは、Proxmox VEホストで動作するSMTPサーバー経由でメールが送信される［Sendmail］、指定したSMTPサーバー経由でメールが送信される［SMTP］、オープンソースで開発されているメッセージングシステム［Gotify］、そして外部サービスと連携するための［Webhook］の4つの通知方式とメッセージの送信先を合わせて管理を行います。通知メールで送信する場合は、各ホストが直接インターネット向けにメール送信ができる場合には［Sendmail］を使い、特定のSMTPサーバーからしかインターネット向けにメール送信が許可されていない環境では［SMTP］を使用します。

　［Sendmail］の設定では、［Recipient］にProxmox VEに登録済みのユーザーを選ぶと、そのユーザーに設定されたメールアドレスに通知メールが送信されるか、または［追加のRecipient］にメールアドレスを直接入力することで、指定されたメールアドレスに送信されます。

**図3-9:Sendmailを使った通知設定**

　[SMTP]の設定では、Sendmailの設定に加えて、送信元メールアドレスである[Fromアドレス]と、送信先SMTPサーバとして[サーバ]の入力が追加で必要です。

**図3-10:SMTPを使った通知設定**

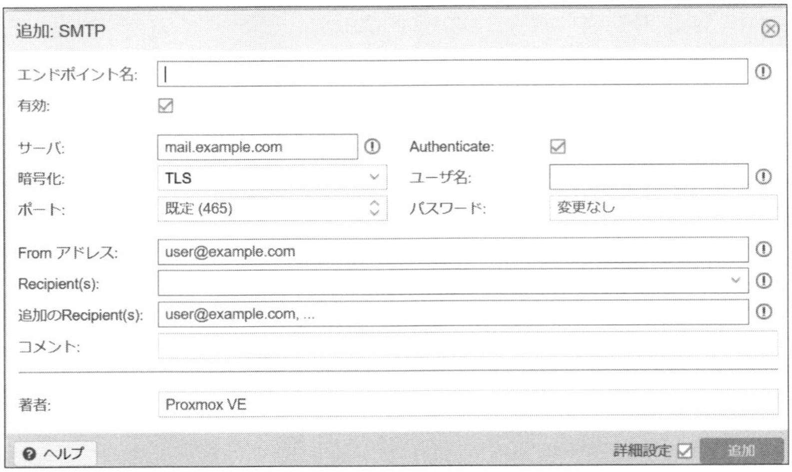

　[Gotify]の設定では、REST API経由でのメッセージ送信を行うため、[サーバURL]とGotifyサーバーでアプリケーション作成時に生成される[APIトークン]の入力が必要です。

**図3-11：Gotifyを使った通知設定**

| 追加: Gotify | ⊗ |
|---|---|
| エンドポイント名： | |
| 有効： | ☑ |
| サーバ URL： | |
| API トークン： | |
| コメント： | |
| ❓ ヘルプ | 追加 |

　[Webhook]の設定では、連携する対象のWebhook通知用URLや認証情報、ポスト（POST）する内容のフォーマット指定が必要です。Webhookを利用することにより、SlackやTeamsのようなチャットツールやPagerDutyのようなインシデント管理ツールなどのWebhookをサポートする外部サービスとして通知を行うことが可能です。

**図3-12：Webhookを使った通知設定**

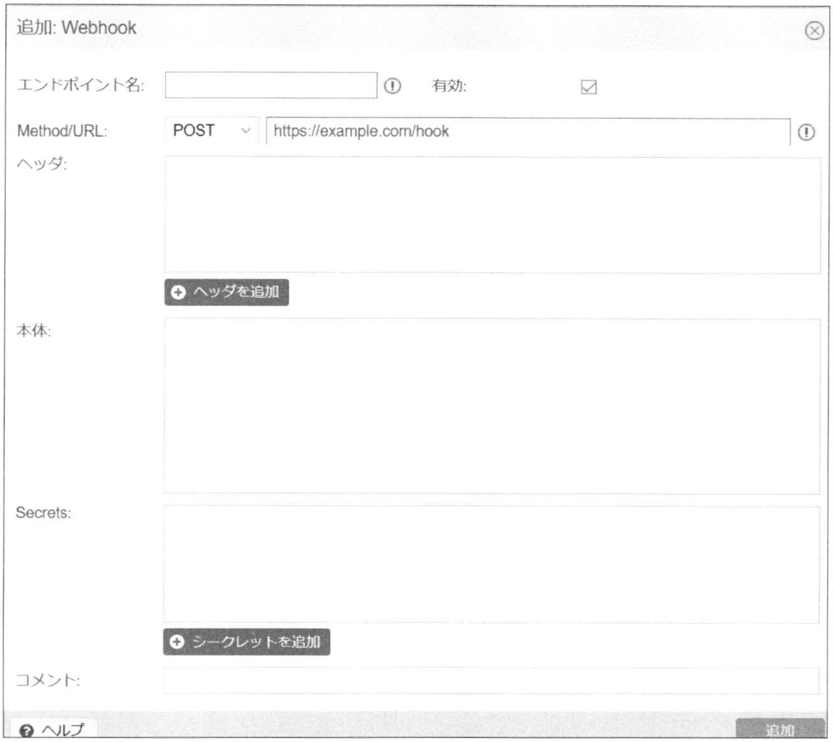

| 追加: Webhook | | ⊗ |
|---|---|---|
| エンドポイント名： | | 有効：　☑ |
| Method/URL： | POST ∨　https://example.com/hook | |
| ヘッダ： | | |
| | ➕ ヘッダを追加 | |
| 本体： | | |
| Secrets： | | |
| | ➕ シークレットを追加 | |
| コメント： | | |
| ❓ ヘルプ | | 追加 |

041

# 3-4 Proxmox VEの仮想マシンの管理

　Proxmox VEでは、他のサーバー仮想化プラットフォームと同様に、Web管理ツールからウィザード形式で容易に仮想マシンを作成・管理することが可能です。

## 3-4-1
## 仮想マシンの作成

　Proxmox VEでは、仮想マシンの作成方法として「Web管理ツールを使う」「コンソールからqmコマンドを使う」「REST API経由」の3つがあります。本項では、Web管理ツールを使った仮想マシンの作成と、作成ウィザードで設定可能な各項目について細かく紹介していきます。
　まずWeb管理ツールの右上にある[VMを作成]ボタンをクリックして、仮想マシンの作成を開始します。

図3-13:仮想マシンの作成

　表示される[作成]画面の[全般]タブでは、仮想マシンの名前やID、仮想マシンの自動起動などの設定を行うことができます。また、画面中のリソースプールから、作成済みのリソースプールを選択することで、仮想マシンの作成時にリソースプールに指定することも、仮想マシンの作成後にリソースプールにメンバーとして追加することも可能です。

**図3-14:仮想マシンの作成([全般]タブ)**

[作成]画面の[OS]タブでは、インストール時に使うインストールメディアの使用と、仮想マシン内で動作するゲストOSの種別を指定します。ここで選択する[ゲストOS]の種別に応じて、次の[システム]タブでは最適な仮想ハードウェアが自動選択されるようになっています。[ゲストOS]の設定では、インストールする予定のOSに最も近いものを選ぶ必要があります。

**図3-15:仮想マシンの作成([OS]タブ)**

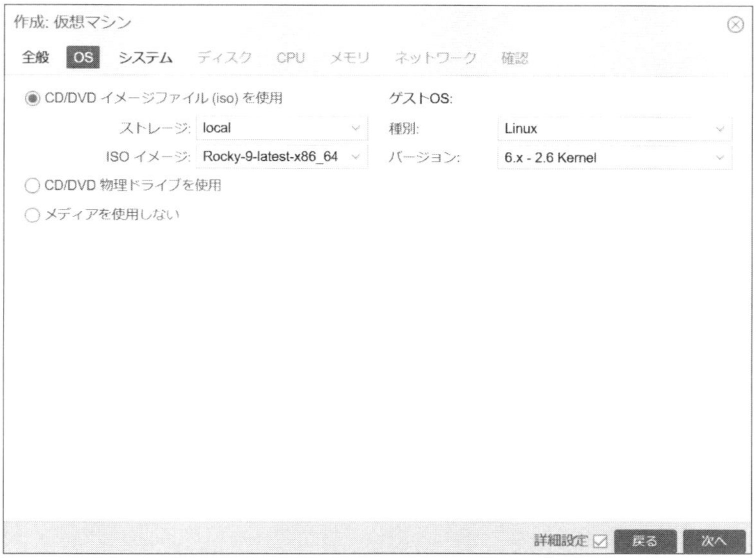

［システム］タブでは、多くの仮想ハードウェアの選択を行います。［OS］タブでゲストOSの［種別］と［バージョン］が選択されると、［システム］タブでは自動的に推奨構成が選択されます。［SCSIコントローラ］でパフォーマンスに優れた準仮想化の「VirtIO」を選択する場合、ゲストOSのインストール時にドライバの読み込みが必要になる場合があります。また、ゲストOSのインストール後にQEMUゲストエージェントをインストールする場合、［Qemuエージェント］のチェックボックスを有効にする必要があります。Web管理ツールからゲストOSのIPアドレスを確認するといった連携機能を利用するためには、ゲストOSにQEMUゲストエージェントをインストールするだけでなく、このチェックボックスを有効にする必要があるので注意が必要です。

［グラフィックカード］では、用途によって表3-2のGPUデバイスを選択することが可能です。

**表3-2:［グラフィックカード］で選択できるGPUデバイス**

| デバイス名 | 用途 |
| --- | --- |
| 標準 VGA | 汎用的な GPU |
| VMware 互換 | VMware SVGA ディスプレイドライバ互換のデバイス |
| SPICE | 仮想マシンのコンソール接続プロトコルに SPICE を使うことで、画面転送の遅延を抑え、USB リダイレクトや共有フォルダなどの機能を可能にするデバイス |
| シリアルターミナル | 画面出力をホストにコンソール出力するデバイス。詳細は下記 URL を参照 https://pve.proxmox.com/wiki/Serial_Terminal |
| VirtIO-GPU | VirtIO ドライバに含まれる GPU デバイス |
| VirtIO-GL | VirtIO ドライバに含まれる GPU デバイスを拡張し OpenGL に対応することで 3D グラフィックスの高速化が可能なデバイス |

［SCSIコントローラ］では、いくつかのSCSIデバイスを選択することができます。KVMの準仮想化ドライバである「VirtIO SCSI」「VirtIO SCSI single」を利用する場合、Windowsでは別途ドライバのインストールが必要になるのでゲストOSのインストール時などに注意が必要です。VirtIO SCSI singleドライバを利用すると仮想ディスクごとにI/Oスレッドが構成されるため、複数ディスク利用時のスループットの向上が期待できます。また、VMware vSphereで利用されるVMware PVSCSIデバイスも作成できますが、ESXi上での準仮想化での動作ではなくエミュレーションでの動作となります。VirtIOドライバが提供されていないOSを利用する場合、互換性を重視して、その他のSCSIデバイスからOSがサポートするものを選択します。

図3-16:仮想マシンの作成([システム]タブ)

次の[ディスク]タブでは、仮想ハードディスクを構成することができます。

ほとんどの場合、既定値のままの利用が推奨されます。ゲストOS内でSSDのTrim/Unmapコマンドの処理を呼び出したり、ディスクデバイスがSSDかHDDかを識別してI/O特性が変化したりするようなアプリケーションを利用している場合には、[SSDエミュレーション]のチェックボックスを有効にする必要があります。

図3-17:仮想マシンの作成([ディスク]タブ)

また、［CPU］タブでは、仮想マシンに割り当てるCPU数のほかに、CPUの互換性を設定することができます。この設定は、異なる世代のCPUを利用しているホストの間でライブマイグレーションを行う際に必要です。この場合、原則としてクラスタを構成するホストの中で最も古いCPUの世代に合わせて［種別］を選択します。そこで定義されたCPUの機能セットによってマスキングされた状態で、仮想マシンはCPUの機能セットを利用することになります。また、［種別］で「host」を選択することで、CPU機能をマスキングせずに、ホストのCPU機能をパススルーで仮想マシンに認識させることも可能です。

ライブマイグレーションの互換性も重要ですが、あまりに世代が離れたホスト間で互換性を担保しようとした場合、せっかくの最新のCPUで提供されるCPUの機能セットが利用できなくなります。暗号化処理や圧縮処理など特定のCPU機能セットで高速化されるような処理を行うアプリケーションの場合、CPUの機能セットが使えないことで汎用的な処理をすることになり、CPU利用率が増加してしまうような副作用の可能性もあるので注意が必要です。

またこのCPU機能セットのマスキングは仮想マシン起動時に有効化されるため、運用開始後に適用すると仮想マシンの停止・起動が必要になるので、仮想マシンの停止を最小限に抑える必要がある環境では導入時に設計し有効化する必要があります。なお、［CPU］タブでは、ホストCPUの高負荷時CPU割り当ての重みづけや利用するCPUコアの固定などの設定を行うことも可能です。

**図3-18:仮想マシンの作成（［CPU］タブ）**

次に、［メモリ］タブでは、仮想マシンの割り当てメモリ量のほかに、メモリ不足時に不要なメモリの回収の役割を果たすバルーニング（Ballooning）処理でどのくらいの設定値でメモリを回収

するのか、最小メモリ量を設定することが可能です。

　既定では、「割り当てメモリ＝最小メモリ」が設定されていて、バルーニング処理によるメモリの回収は行われません。多くの本番環境向けのサーバー仮想化基盤のように、メモリをオーバーコミットしない（物理的な容量以上を割り当てない）サイジングで構成された環境では、既定値の設定で、バルーニングを行う必要はありません。検証環境のように少しでも多くの仮想マシンをサーバー仮想化基盤上で動作させたい場合には、最小メモリを設けて、ホストの物理的なメモリ容量を上回る仮想マシンの割り当てメモリを実現することもできます。

　メモリのバルーニングは、あくまでもホストのメモリ不足からスワップが発生してすべての仮想マシンの処理が低下するのを防ぐ機能であり、メモリの回収・再割り当てを繰り返すという自転車操業により、少しでもメモリのスワップが行われるのを遅らせるための機能です。バルーニングがあるからと言って、メモリを120%までオーバーコミットしてサイジングしてよいわけではありません。本番環境では、そもそもバルーニング処理が発生しないように、ホストのメモリ容量をサイジングすることが重要です。

**図3-19:仮想マシンの作成（[メモリ]タブ）**

　最後に、[ネットワーク]タブでは、仮想マシンに割り当てるNICを設定することができます。仮想マシンには複数のNICを割り当てることができますが、仮想マシン作成時のウィザードではNICを追加することができないので、作成後に仮想マシンの[ハードウェア]タブからNICを追加する必要があります。

**047**

ネットワークデバイスとして「接続先のブリッジ」と「VLAN awareを有効にしたブリッジ」に接続する場合には[VLANタグ]を指定します。ブリッジの[モデル]でサポートされるのは、ゲストOSとの互換性を重視した仮想NICのモデルである「Realtek RTL8139」「Intel e1000」「Intel e1000e」、VMware社の仮想マシンから移行した仮想マシンの変更を最小限にするための「vmxnet3」、準仮想化デバイスである「VirtIO」です。パフォーマンスの観点では、VirtIOのドライバが提供されているゲストOSでは「VirtIO」の利用が推奨されますが、VirtIOドライバが利用できない環境では互換性を重視してその他のデバイスを指定することもあります。

**図3-20:仮想マシンの作成([ネットワーク]タブ)**

## 3-4-2

# 仮想マシンの変更

作成した仮想マシンでは、Web管理ツールからさまざまな操作・変更を行うことができます。本項では、仮想マシンのメニューから変更できる項目について見ていきます。

048

図3-21：仮想マシンの変更メニュー

| ノード pve2 上の仮想マシン 101 (Demo3) | development | kudo | ✎ |

| 🖥 サマリー |
| ⟩_ コンソール |
| 🖵 ハードウェア |
| ☁ Cloud-Init |
| ⚙ オプション |
| 🗐 タスク実行履歴 |
| 👁 モニタ |
| 💾 バックアップ |
| ⇄ レプリケーション |
| 🕘 スナップショット |
| 🛡 ファイアウォール ▶ |
| 🔓 アクセス権限 |

Demo3

| ℹ 状態 | stopped |
| 💗 HA状態 | none |
| 🖳 ノード | pve2 |
| 📻 CPU使用率 | 4 の 0.00% CPU |
| 🎚 メモリ使用状況 | 0.00% (2.00 GiBの 0 B) |
| 🖴 ブートディスクサイズ | 32.00 GiB |
| ⇄ IPs | Guestエージェントが未設定 |

## サマリー

［サマリー］では、仮想マシンのリソース利用量やステータスを確認することができます。

## コンソール

［コンソール］は、管理者が仮想マシンのコンソールアクセスを実行するときに利用します。

既定では、noVNCと呼ばれるブラウザベースのVNCクライアントが利用され、ブラウザで完結するコンソールアクセスになります。そのほか、設定により、リモートアクセスに特化したSPICEプロトコルを使ったコンソールアクセスを利用することも可能です。SPICEプロトコルは、遅延の改善以外にもファイル転送やフォルダ共有、接続元端末のUSBリダイレクトといった追加機能の利用を可能にします。ただし、接続元ではvirt-viewerのようなSPICEクライアントが必要となり、アクセス先の仮想マシンでは「仮想マシンのグラフィックカードをSPICEに変更」「ゲストOSにSPICE Guest Tools(Windows)のインストール」といった設定が必要になります。

## ハードウェア

［ハードウェア］では、仮想マシンのハードウェア構成の変更が可能です。仮想マシン作成時には指定できないデバイスの追加も可能です。USBデバイスやホストのPCIデバイスのパススルー、2枚目以降のNICを追加する場合も、［ハードウェア］の［追加］メニューから各デバイスを選択して実行する必要があります。

図3-22:仮想マシンへのハードウェアの追加

## Cloud-Init

［Cloud-Init］では、ゲストOSのコンピュータ名や管理者パスワード、IPアドレスなどのカスタマイズを実行するためのCloud-Initツールと連携するパラメータを指定することができます。この設定を行うには、仮想マシンにCloud-Initデバイスをあらかじめ作成しておく必要があります。

Web管理ツールからは［Cloud-Init］で指定可能なパラメータの一部しかサポートされていませんが、ストレージ上のスニペット（対象ストレージのsnippetsディレクトリ）に保存されたyamlファイルを指定することで、あらかじめ準備した設定を利用することもできます。残念ながら、Web管理ツールからの指定はできないため、コンソールからqmコマンドを使って設定を行います。たとえば、仮想マシンID「100」の仮想マシンに対して、ストレージ名「storage-name」にあるCloud-Init構成ファイルsnippets/userconfig.yamlを利用する場合には、以下のようにコマンドを実行します。

```
# qm set 100 --cicustom "user=storage-name:snippets/userconfig.yaml,network= storage-name:snippets/userconfig.yaml,meta=storage-name:snippets/userconfig.yaml "
```

より詳しい情報については以下の公式ドキュメントを確認してください。

●参考URL：「Cloud-Init Support」
https://pve.proxmox.com/wiki/Cloud-Init_Support

## オプション

［オプション］では、仮想マシンの設定のオプション値を変更することができます。仮想マシンの名前の変更、ホスト起動時に仮想マシンを自動起動する設定、起動の優先順位、起動デバイスの

順序、QEMU Guest Agent（QEMUゲストエージェント）の有効化の設定などを行うことができます。

　仮想マシン作成後の仮想マシン名の変更は、[オプション]→[名前]から行う必要がある点に注意してください。また、ゲストOSに割り当てられたIPアドレスをWeb管理ツールから確認できるようにするには、ゲストOSにQEMU Guest Agent（QEMUゲストエージェント）をインストールする必要があるだけでなく、有効化する必要があります。

### タスク実行履歴

　[タスク実行履歴]では、仮想マシンに対して実行されたタスクの履歴を確認することができます。仮想マシン作成や電源操作、移行タスクといった履歴を時系列で見ることができます。

### モニタ

　[モニタ]では、対象仮想マシンのQEMU MonitorのコマンドをWeb管理ツールから実行することができます。主にトラブルシューティングの目的で使われ、ハイパーバイザーから見た仮想マシンの状態の確認やメモリダンプの取得をゲストOSの状態によらず操作することができます。

### バックアップ

　[バックアップ]では、対象仮想マシンのバックアップやリストアを実行することができます。[データセンター]の[バックアップ]設定と違って、スケジュールによる実行はできず、「今すぐ実行」だけが利用可能です。構成変更前の手動バックアップの取得や、スケジュールバックアップで取得したバックアップからリストアするときに利用します。

### レプリケーション

　[レプリケーション]では、対象仮想マシンのレプリケーションを管理することができます。Proxmox VEのレプリケーション機能では、同一クラスタ内の別ホストにある同名のZFSストレージの機能を使ってレプリケーションを行います。これはスケジュールベースの非同期レプリケーションであり、同期レプリケーションではなく、前回の同期からの更新データは失われるので注意が必要です。「共有ストレージはないがHA構成をとりたい」というような用途では十分に留意して利用する必要があります。

### スナップショット

　[スナップショット]では、仮想マシンのスナップショットの管理が可能です。スナップショットを取得できるほか、取得済みスナップショットのツリー表示から任意のスナップショットのロールバックを行うことができます。スナップショットを取得するには、仮想マシンの仮想ハードディスクがスナップショットをサポートするストレージ上に配置されている必要があります。

### ファイアウォール

［ファイアウォール］では、仮想マシン単位のファイアウォールルールの設定を行うことができます。既定では無効化されているため、利用する場合には［ファイアウォール］→［オプション］でファイアウォールを有効にする必要があります。

### アクセス権限

［アクセス権限］では、仮想マシン単位のアクセス権限を管理することができます。このメニューでは、このメニューから設定されたアクセス権限だけでなく、［＜クラスタ＞］→［アクセス権限］で設定された対象仮想マシンに対するアクセス権限も表示され、管理することができます。しかし、クラスタ全体のアクセス権限など上位のリソースから継承しているアクセス権限については、表示・管理することができないため、全体のアクセス権限は［＜クラスタ＞］→［アクセス権限］で行い、その設定を上書きするようにして、各仮想マシンにアクセス権限を付与する際に利用します。

## 3-4-3
# 仮想マシンの操作

仮想マシンを選択した状態では、設定変更のほかに、対象となる仮想マシンに対する操作を画面右上のメニューから実行することができます。

**図3-23:仮想マシンの操作**

　Web管理ツールから仮想マシンの［開始］、［シャットダウン］（停止）、［マイグレート］（ライブマイグレーション）、［コンソール］を実行でき、さらには［More］ボタンからクローンやテンプレート化、HAの構成、仮想マシンの削除が可能です。これらの操作は、Web管理ツールで仮想マシンを選択して右クリックで表示されるメニューからも実行可能です。

　また、［ハードウェア］で［ハードディスク］を選択すると、［ディスクの動作］ボタンを選択することができるようになり、［ストレージの移動］（ストレージのライブマイグレーション）や［リサイズ］

（ハードディスクサイズの増加）を実行することができます。これらの操作は、Web管理ツール上ではここでしか操作できません。

**図3-24：仮想マシンのディスクの動作**

## 3-4-4
## VirtIO ドライバと QEMU ゲストエージェントのインストール

　Proxmox VEでは、ベースとなるハイパーバイザーとしてKVMを採用しているため、ゲストOSの動作の最適化には準仮想化ドライバであるVirtIOのSCSIコントローラとNICの利用が推奨されます。また、QEMUゲストエージェントをインストールすることで、ハイパーバイザーとゲストOS間の連携が強化され、ゲストOSの利用中のIPアドレスをWeb管理ツールで確認できることや、ゲストOSの適切な電源操作を行えること、バックアップ・スナップショット取得時のデータ整合性の向上などのメリットがあります。

　ゲストOSがLinuxの場合、VirtIOドライバは標準でインストールされていますが、QEMUゲストエージェントは追加でインストールする必要があります。

■パッケージインストールのコマンド
`apt-get install qemu-guest-agent`（または`yum install qemu-guest-agent`）

■サービス開始のコマンド
`systemctl start qemu-guest-agent`

■サービス自動開始の有効化のコマンド
`systemctl enable qemu-guest-agent`

ゲストOSがWindowsの場合、VirtIOドライバもQEMUゲストエージェントも標準ではインストールされていないため、追加でインストールする必要があります。OSインストール時にVirtIO/VirtIO singleをSCSIコントローラとして指定した場合、起動ディスクを認識させるためにはドライバを読み込む必要があるので注意が必要です。

Windows向けのソフトウェアは、「Windows VirtIO Drivers」ページ（URLは本節の末尾に掲載）で紹介されているISOイメージファイルのダウンロードリンクから入手することができます。ダウンロードしたISOイメージファイルには、ドライバ群のインストーラである「virtio-win-gt-x64.msi」と、エージェントソフトのインストーラである「virtio-win-guest-tools.exe」が含まれています。

VirtIOのドライバ群については、ISOイメージファイル内のvirtio-win-gt-x64.msiを実行することで、メモリのバルーニングドライバやSCSIコントローラ、NICなどのKVMで必要となるドライバ群をまとめてインストールすることができます。

**図3-25:Virtioドライバのインストーラ**

また、同じISOイメージに別のインストーラとして保存されているvirtio-win-guest-tools.exeを使って、QEMUゲストエージェントなどドライバ以外のエージェントをインストールする必要があります。QEMUゲストエージェントだけでなくコンソールアクセスにSPICEプロトコルを利用するときに必要なSPICEゲストエージェントなどもまとめてインストールすることができます。

054

図3-26:QEMUゲストエージェントのインストール

●参考URL
「Qemu-guest-agent」:https://pve.proxmox.com/wiki/Qemu-guest-agent
「Windows VirtIO Drivers」:https://pve.proxmox.com/wiki/Windows_VirtIO_Drivers

# 3-5 Proxmox VEのコンテナの管理

Proxmox VEは、Linux標準のLXCを使ったコンテナ基盤としても利用することができます。Kubernetesのようにマイクロサービス化されたアプリケーションの管理には不向きですが、仮想マシンより軽量で分離された実行基盤を構成する用途では十分利用することができます。また、Proxmox VEのWeb管理ツールから仮想マシンに近い操作で管理できるのも特徴です。

## 3-5-1
### コンテナテンプレートの有効化

Proxmox VEのLXCでは、コンテナテンプレートからの展開を行うために、事前に公開されているコンテナテンプレートをダウンロードする必要があります。

コンテナテンプレートのダウンロードは、コンテナを展開したいストレージの設定画面の［内容］で「コンテナテンプレート」を事前に有効にする必要があります。

**図3-27:ストレージのコンテナテンプレートの有効化**

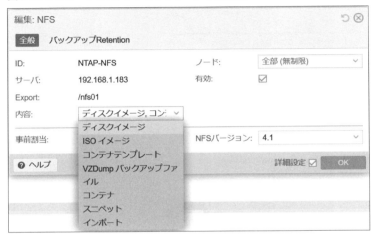

次に、有効にしたストレージの［CTテンプレート］でテンプレートが追加されていることを確認して、［テンプレート］ボタンをクリックします。

**図3-28:コンテナテンプレートの選択**

ダウンロード可能なテンプレート一覧からダウンロードしたいテンプレートを選択して［ダウンロード］ボタンをクリックします。自動的に指定されたストレージの`template/cache`ディレクトリにテンプレートファイルが保存されます。これで保存されたコンテナテンプレートからコンテナを展開できるようになります。

**図3-29:コンテナテンプレートのダウンロード**

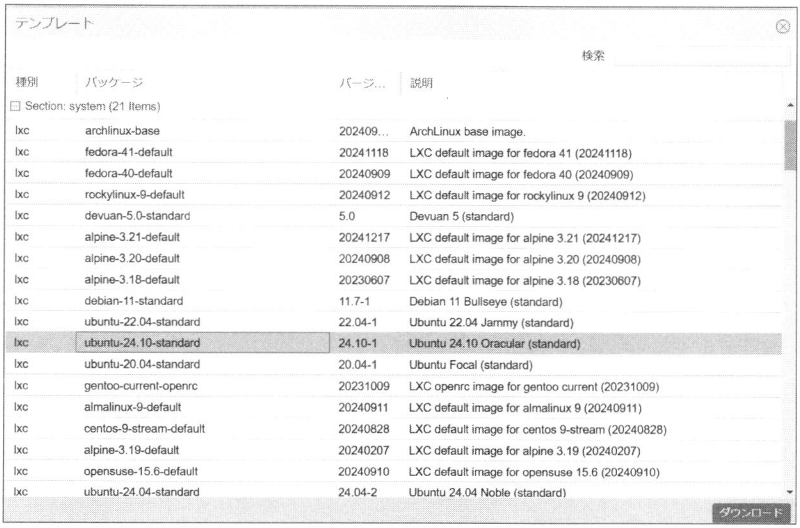
テンプレート
検索
種別 パッケージ バージ... 説明
Section: system (21 Items)
lxc archlinux-base 202409... ArchLinux base image.
lxc fedora-41-default 20241118 LXC default image for fedora 41 (20241118)
lxc fedora-40-default 20240909 LXC default image for fedora 40 (20240909)
lxc rockylinux-9-default 20240912 LXC default image for rockylinux 9 (20240912)
lxc devuan-5.0-standard 5.0 Devuan 5 (standard)
lxc alpine-3.21-default 20241217 LXC default image for alpine 3.21 (20241217)
lxc alpine-3.20-default 20240908 LXC default image for alpine 3.20 (20240908)
lxc alpine-3.18-default 20230607 LXC default image for alpine 3.18 (20230607)
lxc debian-11-standard 11.7-1 Debian 11 Bullseye (standard)
lxc ubuntu-22.04-standard 22.04-1 Ubuntu 22.04 Jammy (standard)
lxc ubuntu-24.10-standard 24.10-1 Ubuntu 24.10 Oracular (standard)
lxc ubuntu-20.04-standard 20.04-1 Ubuntu Focal (standard)
lxc gentoo-current-openrc 20231009 LXC openrc image for gentoo current (20231009)
lxc almalinux-9-default 20240911 LXC default image for almalinux 9 (20240911)
lxc centos-9-stream-default 20240828 LXC default image for centos 9-stream (20240828)
lxc alpine-3.19-default 20240207 LXC default image for alpine 3.19 (20240207)
lxc opensuse-15.6-default 20240910 LXC default image for opensuse 15.6 (20240910)
lxc ubuntu-24.04-standard 24.04-2 Ubuntu 24.04 Noble (standard)
ダウンロード

## 3-5-2

# コンテナの作成

コンテナの作成も、仮想マシンの作成と同様に、ウィザード形式で実行できます。Web管理ツールの右上にあるメニューから[CTを作成]ボタンをクリックします。

**図3-30:コンテナの作成**

ドキュメント
VMを作成
CTを作成
root@pam
ヘルプ

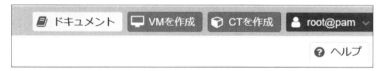

コンテナの作成でも仮想マシンと同じでパラメータが多くなっています。ゲストOSが直接展開されるため、OSの[パスワード]の設定や[SSH公開鍵]の設定などが可能です。

図3-31:コンテナの作成([全般]タブ)

次に、前項でダウンロードしたコンテナテンプレートが保存されたストレージと、ベースとするコンテナテンプレートを指定します。

図3-32:コンテナの作成([テンプレート]タブ)

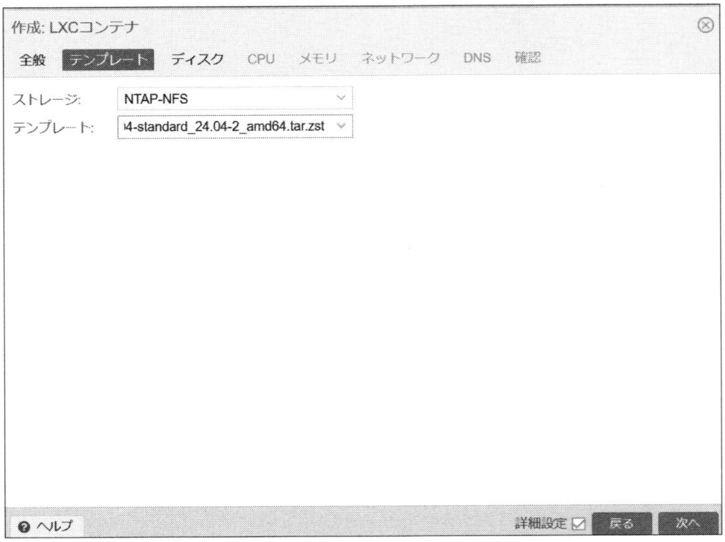

[ディスク]では、コンテナの展開先ストレージと割り当てサイズを選択することができます。

**図3-33:コンテナの作成([ディスク]タブ)**

[CPU]では、CPUコアの割り当て、CPUの利用上限を設定できるほか、CPUが競合した場合の優先度を[CPUユニット]として設定できます。

**図3-34:コンテナの作成([CPU]タブ)**

[メモリ]では、メモリ割り当て量とスワップの割り当て量を設定することができます。

**図3-35:コンテナの作成([メモリ]タブ)**

[ネットワーク]では、仮想マシンと同様に、ネットワークの接続先の設定のほか、コンテナテンプレートのOSに割り当てるIPアドレスの設定を行います。

**図3-36:コンテナの作成([ネットワーク]タブ)**

[DNS]では、必要に応じてDNSサーバーの設定を行ってコンテナの展開を行います。

**図3-37:コンテナの作成([DNS]タブ)**

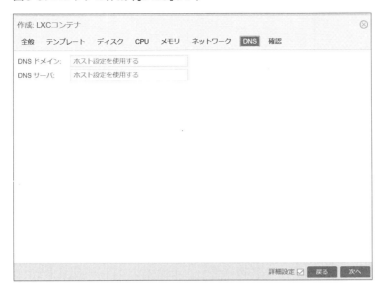

　こうして作成したコンテナは、3-4-2項と3-4-3項で紹介した仮想マシンと同じように設定の変更や各種の操作を行うことができます。

# MEMO

第 **4** 章

The Practical Guide to Server Virtualization for Proxmox VE

# クラスタの運用と管理

　本章では、インストールした複数の Proxmox VE ノードでクラスタを構成するときの運用管理を解説します。Proxmox VE ではクラスタを構成することができ、Proxmox VE ノード上で動作する仮想マシンの移動や仮想マシンの HA 構成を行うことで可用性を向上させることができます。

　安定した Proxmox VE クラスタ基盤の構成を活用するために、クラスタ構成のアーキテクチャを理解して適切に構成し運用することが重要です。

# 4-1 | Proxmox VEのクラスタ構成

Proxmox VEでは、複数台のProxmox VEノードをクラスタ構成にして運用性を向上させたり、Proxmox VEノードで稼働する仮想マシンの移動やHA構成（高可用性構成）を可能にすることで仮想マシンの可用性を高めることができます。

クラスタを構成しない複数台のProxmox VEノード構成と、クラスタを構成した複数台のProxmox VEノード構成の違いは表4-1のようになります。

**表4-1：クラスタ構成のメリット**

|  | 非クラスタ構成 | クラスタ構成 |
|---|---|---|
| Proxmox VE の管理 | ノード単位で個別管理 | クラスタ単位で集中管理 |
| 仮想マシンの移動 | 不可 | Web 管理ツールから無停止で移動が可能 |
| 仮想マシンの HA | 不可 | ノード障害時に別ノードで再起動が可能 |

Proxmox VEのクラスタ構成はどのように提供されているのか、以降でそのアーキテクチャについて見ていきます。

## 4-1-1

## Proxmox VE におけるクラスタ構成

Proxmox VEのクラスタ構成では、複数台のノードを管理するために、Linuxのクラスタ管理で広く利用されているCorosyncサービスをベースにしています。また、Proxmox VEのクラスタ管理用にCluster Resource Manager（CRM）サービスとLocal Resource Manager（LRM）サービスが使われ、クラスタ情報の保存にProxmox Cluster File System（PMXCFS）が使われます。クラスタを構成するすべてのProxmox VEノードは、SSH公開鍵が共有されてSSHトンネル経由で通信が行われます。

### 図4-1:Proxmox VEのクラスタ構成とサービス

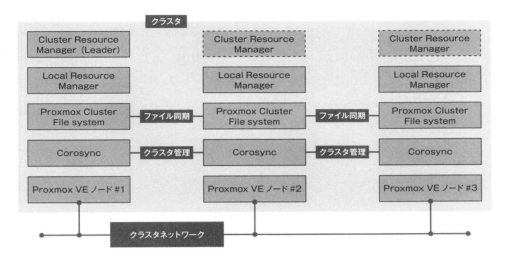

　Proxmox VEのクラスタを構成するそれぞれのサービスについて解説します。
　CorosyncはLinuxのクラスタ管理で広く使われているサービスであり、Proxmox VEではクラスタを構成するProxmox VEノードの状態やクラスタ全体の状態を共有し、そしてそれらの情報を元にデータの整合性を担保するのに重要なQuorumの管理を行います。Corosyncでは、ネットワークを介してこれらの情報を取得するため、Corosyncが利用するringと呼ばれるネットワークは、Proxmox VEのクラスタ管理で非常に重要なネットワークになります。このクラスタ管理のネットワークが切断されると、Quorumの状態を参照して各ノードではデータ整合性を優先した動作が行われます。
　Cluster Resource Manager(CRM)は各Proxmox VEノードで動作しますが、アクティブで動作するのはクラスタ内で1ノードだけで、そのノードがリーダーの役割を果たします。またCRMには、複数台で同時変更した場合の競合を防ぐためのクラスタ構成における一般的なアーキテクチャが採用されています。何らかの理由で現在のリーダーに障害が発生した場合、自動的に他のProxmox VEノードがリーダーに選定され、クラスタ構成は維持され続けます。
　Local Resource Manager(LRM)は、Cluster Resource Manager(CRM)と同様に、各Proxmox VEノードで動作して、各ノード内の仮想マシンやコンテナの実行状態を監視し、CRMのリーダーからの指示に従って仮想マシンの操作を実行する役割を果たします。
　そして、Proxmox VEのクラスタ構成では、複数台のProxmox VEノードで構成されたときのデータ整合性を担保するために、Quorum(最小限の投票数)を使ってクラスタ全体でのデータ書き込み権限を制御しています。既定の設定では、クラスタを構成する各Proxmox VEノードは投票数1とカウントされ、管理ネットワークの投票数が、クラスタ全体の投票数の過半数(Quorum)を超過する場合にのみデータ書き込み権限を持ち、ネットワーク障害時のデータ競

合を抑止する構成になっています。既定では、60秒間隔でQuorumの状態を確認して、過半数に達していない場合は、ソフトウェアベースのwatchdogに準じて、再起動を実施しProxmox Cluster File Systemを読み取り専用にした上で、仮想マシンやコンテナを実行できないようにしてデータ整合性を担保します。

**図4-2:Proxmox VEクラスタにおけるQuorumの役割**

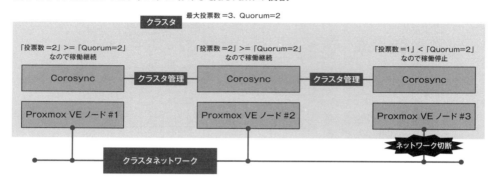

このQuorumを安全に運用するため、Proxmox VEでは3ノード以上で構成する必要があります。2ノードクラスタを構成する場合には、Proxmox VEクラスタのQuorumの投票に参加可能なサービスを起動したノードを準備し、Proxmox VEのクラスタとしては3台で構成されているように設定を行う必要があります。この手順については「4-1-4 2ノードクラスタの構成」で解説します。

●参考URL:「Cluster Manager」
https://pve.proxmox.com/wiki/Cluster_Manager

## 4-1-2
## Proxmox Cluster File System を使ったデータ管理

Proxmox VEのクラスタ構成では、各Proxmox VEノードのすべてにおいて管理サービスが起動しており、管理者はどのProxmox VEノードにアクセスしても管理を行うことができます。また、Proxmox VEのクラスタ構成のすべてのProxmox VEノードで仮想マシンの状態を共有可能にしているのがProxmox Cluster File System (PMXCFS)と呼ばれるクラスタファイルシステムです。

PMXCFSはProxmox VEのために作られた独自ファイルシステムで、pmxcfsプロセスによって提供され、Linuxカーネルが持つFUSE(Filesystem in Userspace)を介して各Proxmox

VEノードの/etc/pveにマウントされます。PMXCFSには以下のようなデータが保存され、データの変更はすべてのProxmox VEノードにリアルタイムで更新される仕組みになっています。

- ●ストレージ設定(/etc/pve/storage.cfg)
- ●データセンター設定(/etc/pve/datacenter.cfg)
- ●ユーザーアクセス権設定(/etc/pve/user.cfg)
- ●クラスタ設定(/etc/pve/corosync.conf)
- ●仮想マシン構成ファイル(/etc/pve/qemu-server/)
- ●コンテナ構成ファイル(/etc/pve/lxc/)
- ●ノード設定(/etc/pve/nodes/)
- ●ファイアウォール設定(/etc/pve/firewall/)
- ●HA設定(/etc/pve/ha/)

PMXCFSでは、これらのクラスタ構成のファイルをインメモリのデータベースとしてProxmox VEノードから利用可能であり、最大128MBのメモリを消費するように構成されています。

●参考URL:「Proxmox Cluster File System(pmxcfs)」
https://pve.proxmox.com/wiki/Proxmox_Cluster_File_System_(pmxcfs)

## 4-1-3

# クラスタネットワーク構成

Proxmox VEクラスタを構成するProxmox VEノードでは、既定ではインストール時に指定した管理用IPアドレスを使ったクラスタネットワークを構成します。クラスタを構成するProxmox VEノード間の通信は、Quorumによって動作が制御されるProxmox VEクラスタにおいて非常に重要になります。したがって、可能な限り可用性を高めるために「単一障害点を持たないネットワークにする」「ストレージやライブマイグレーションなどNICの帯域を占有するようなトラフィックと分離する」ことが重要です。

そして単一障害点を持たないようにするために、クラスタネットワークの冗長化を行うには、コンソールからクラスタを作成するときにオプションを指定する、またはWeb管理ツールからクラスタを作成した後に設定ファイルを変更する、という2つの方法があります。

たとえば、クラスタ名としてtestを使い、クラスタネットワークとして管理用ネットワークアドレス10.10.10.1と10.10.11.1を利用する場合、以下のコマンドを実行します。

```
# pvecm create test --link0 10.10.10.1 --link0 10.10.11.1
```

あるいは、/etc/pve/corosync.confというCorosyncの設定ファイルで2個目のネットワークを指定する場合は、下記に示した下線部分の設定を追加する必要があります。設定ファイルの変更は即時反映されるので慎重に変更を行ってください。

```
logging {
  debug: off
  to_syslog: yes
}

nodelist {

  node {
    name: due
    nodeid: 2
    quorum_votes: 1
    ring0_addr: 10.10.10.2
    ring1_addr: 10.20.20.2
  }

  node {
    name: tre
    nodeid: 3
    quorum_votes: 1
    ring0_addr: 10.10.10.3
    ring1_addr: 10.20.20.3
  }

  node {
    name: uno
    nodeid: 1
    quorum_votes: 1
    ring0_addr: 10.10.10.1
    ring1_addr: 10.20.20.1
  }

}

quorum {
  provider: corosync_votequorum
}
```

```
totem {
  cluster_name: testcluster
  config_version: 4
  ip_version: ipv4-6
  secauth: on
  version: 2
  interface {
    linknumber: 0
  }
  interface {
    linknumber: 1
  }
}
```

## 4-1-4
## 2ノードクラスタの構成

　Proxmox VEでは、2ノードでクラスタを構成して仮想マシンのHA構成を取ることができません。どうしても2ノードでクラスタを構成したい場合には、外部サーバーでCorosync Quorum Device（QDevice）サービス（corosync-qnetd）を稼働させ、2台のクラスタに追加するように「2+1」のクラスタを構成する必要があります。

**図4-3：Proxmox VEにおける2+1ノードクラスタ**

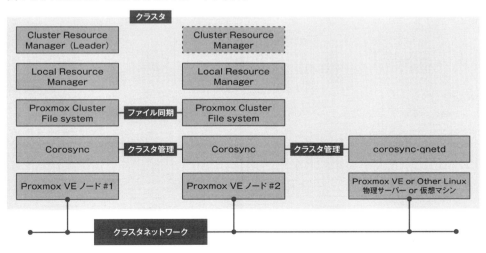

「2+1」の+1にあたるノードは、必ず2ノードと同時に停止しないように別のサーバー仮想化基盤上の仮想マシンや別の物理サーバー上に構成する必要があります。Proxmox VEをインストールしてもかまいませんし、他のLinuxディストリビューションであってもcorosync-qnetdパッケージが提供されていれば構成することができます。

　Proxmox VEやDebian／Ubuntuを利用する場合には、以下のコマンドでcorosync-qnetdパッケージをインストールします。

```
# apt install corosync-qnetd
```

　各Proxmox VEノードには、QDeviceを有効化するためのパッケージをインストールする必要があります。そのため、以下のコマンドでcorosync-qdeviceパッケージをインストールします。

```
# apt install corosync-qdevice
```

　次にcorosync-qnetdをインストールしたノードのIPを192.168.76.76とした場合、以下のコマンドを実行します。

```
# pvecm qdevice setup 192.168.76.76
```

　セットアップが完了すると、通常のProxmox VEノードのクラスタを追加した場合と同じようにSSH公開鍵が共有され、Proxmox VEのクラスタからはQDeviceが追加されて、「2+1」の3ノードクラスタとして構成されていることが確認できます。

```
pve# pvecm status

...
Votequorum information
~~~~~~~~~~~~~~~~~~~~~~
Expected votes:   3
Highest expected: 3
Total votes:      3
Quorum:           2
Flags:            Quorate Qdevice

Membership information
~~~~~~~~~~~~~~~~~~~~~~
    Nodeid      Votes    Qdevice Name
    0x00000001     1     A,V,NMW 192.168.22.180 (local)
```

```
0x00000002          1       A,V,NMW 192.168.22.181
0x00000000          1               Qdevice
```

# 4-2 Proxmox VEのクラスタの管理

前節で解説したProxmox VEのクラスタを実際に構成するのに必要なノードの構成とクラスタの構成に関するWeb管理ツールの各項目について解説していきます。

## 4-2-1
### ノードの構成

Proxmox VEノードでは、クラスタを構成している場合でも一部の設定以外は個別に設定する必要があります。Web管理ツールでは、インベントリツリーからProxmox VEノードを選択して各ノードの設定を行うことができます。

**図4-4:ノードの構成メニュー**

## 検索

対象となるProxmox VEノードの持つすべてのリソースをリスト表示して検索フィールドから必要なリソースを絞り込むことができます。

## サマリー

サマリーではProxmox VEノードのリソースの利用状況やソフトウェアのバージョン情報を一覧表示で確認することができます。

## 注釈

対象となるProxmox VEノードの注釈としてテキストメモを保存することができます。Markdownを使ってメモを記述することでリッチテキスト形式でさまざまな情報を管理することができます。

## シェル

Proxmox VEのコンソールにアクセスしてWeb管理ツールからは操作できない設定を行ったり、CLIでの管理が可能です。

**図4-5:Web管理ツールからのコンソールアクセス**

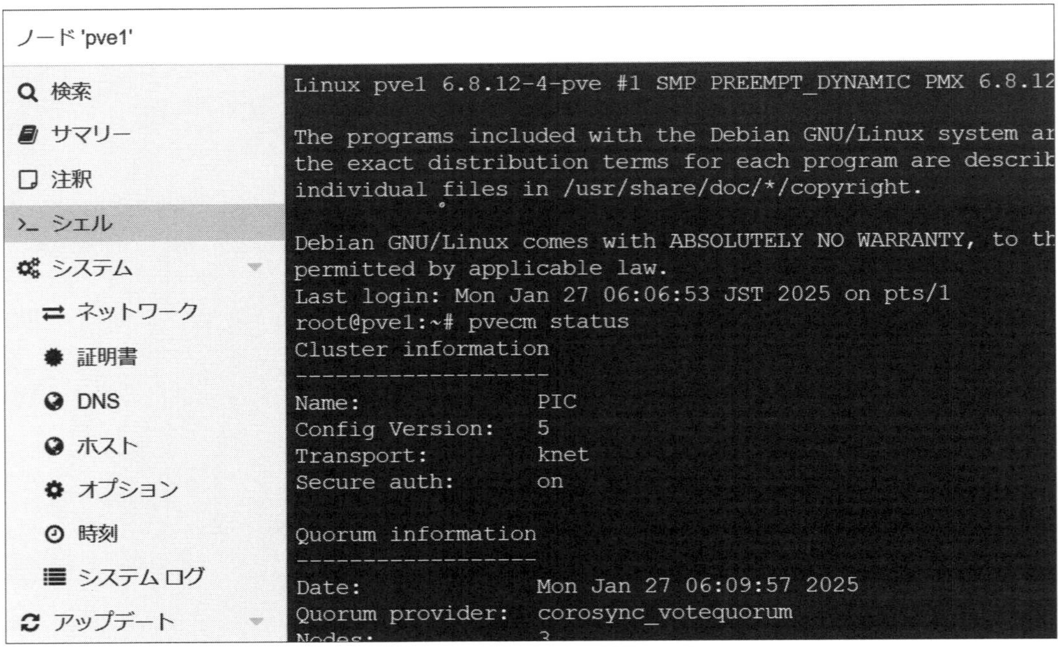

## システム

　ネットワーク／証明書／DNSの設定、Hostsファイルを使った名前解決の設定を行うことができます。ネットワークの設定は第6章で詳しく解説します。なお、時刻設定は残念ながらWeb管理ツールから行うことはできず、`/etc/chrony/chrony.conf`ファイルを編集して外部のNTPサーバーとの同期の設定を行う必要があります。

●参考URL:「Time Syncronization」

https://pve.proxmox.com/wiki/Time_Synchronization

## アップデート

　Proxmox VEのソフトウェアの更新と、更新先となるリポジトリの設定を行うことができます。コンポーネントpve-enterpriseを提供するリポジトリのアクセスには有償サブスクリプションが必要です。更新可能なパッケージがあると、現在のバージョンと新規パッケージのバージョンが表示されます。

**図4-6:更新パッケージの表示**

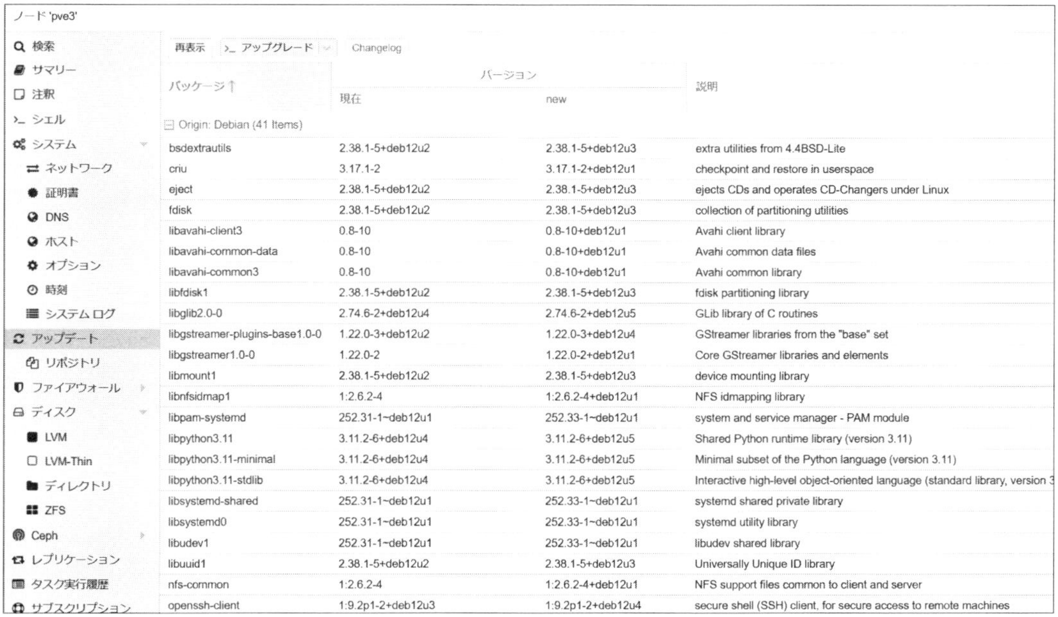

## サブスクリプション

　有償サブスクリプションを購入した場合、購入時に入手したサブスクリプションキーを入力してオンラインアクティベーションを実施することで、メーカーのテクニカルサポートを受けることがで

きます。Proxmox VEインストール時に生成されるサーバーIDとサブスクリプションキーが紐づけられてアクティベーションされます。また、24時間間隔でアクティベーションの検証が行われるため、常時インターネットアクセスが必要です。

　オンラインアクティベーションの実施後にProxmox VEの再インストールを実施するとサーバーIDが変更されてしまい、アクティベーションのリセットが必要になるので注意が必要です。

## 4-2-2
## クラスタの作成とノードの追加

　Proxmox VEでは複数台のノードでクラスタを構成することで、Web管理ツールからノードを一元管理できるだけでなく、次節で解説する仮想マシンの移動や仮想マシンの冗長化が利用できるようになります。

　[データセンター]→[クラスタ]からクラスタの作成やノードの追加が可能です。クラスタを作成するには、クラスタが未作成または未所属のProxmox VEノードで[クラスタを作成]ボタンをクリックします。

**図4-7:クラスタの作成**

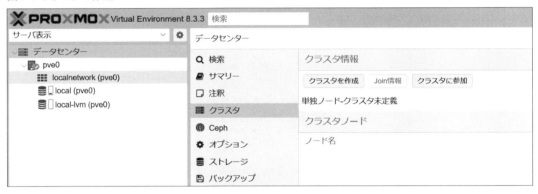

　[クラスタを作成]画面では、クラスタ名を入力し、クラスタネットワークで使用するネットワークアドレスを選択します。冗長化の観点から2つ以上のネットワークを指定することを推奨します。2つ以上のネットワークが指定された場合、[Link]番号が小さい数から優先されて利用されます。

● 4-2 ┃ Proxmox VEのクラスタの管理

**図4-8:クラスタ名とクラスタネットワークの指定**

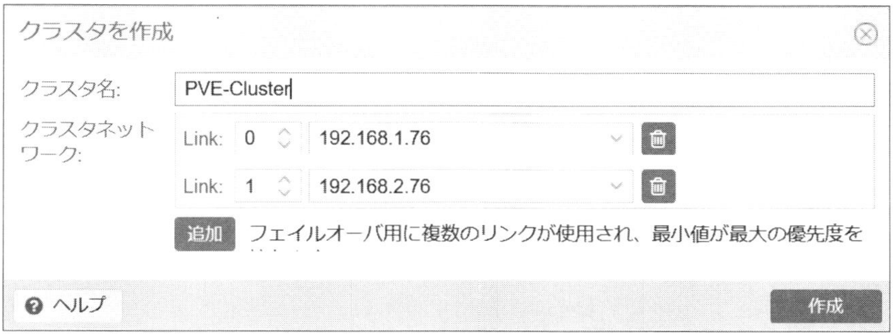

クラスタを作成

| クラスタ名: | PVE-Cluster |
| クラスタネットワーク: | Link: 0 192.168.1.76 |
| | Link: 1 192.168.2.76 |

追加 フェイルオーバ用に複数のリンクが使用され、最小値が最大の優先度を

❓ ヘルプ                                                                    作成

　クラスタの作成時には、クラスタ構成ノードで共有される暗号化キーとクラスタの設定情報が作成されます。クラスタの作成が完了すると、他のProxmox VEノードがクラスタに参加する際に必要となるJoin情報が確認できるようになります。

**図4-9:クラスタ参加に必要なJoin情報**

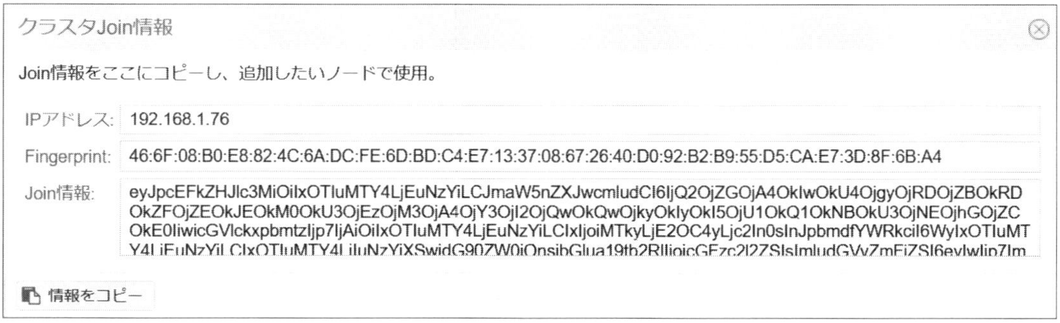

クラスタJoin情報

Join情報をここにコピーし、追加したいノードで使用。

| IPアドレス: | 192.168.1.76 |
| Fingerprint: | 46:6F:08:B0:E8:82:4C:6A:DC:FE:6D:BD:C4:E7:13:37:08:67:26:40:D0:92:B2:B9:55:D5:CA:E7:3D:8F:6B:A4 |
| Join情報: | eyJpcEFkZHJlc3MiOiIxOTIuMTY4LjEuNzYiLCJmaW5nZXJwcmludCl6IjQ2OjZGOjA4OklwOkU4OjgyOjRDOjZBOkRDOkZFOjZEOkJEOkM0OkU3OjEzOjM3OjA4Oj Y3OjI2OjQwOkQwOjkyOklyOkl5OjU1OkQ1OkNBOkU3OjNEOjhGOjZCOkE0IiwicGVlckpbmtzljp7IjAiOiIxOTIuMTY4LjEuNzYiLCIxIjoiMTkyLjE2OC4yLjc2In0slnJpbmdfYWRkcil6WylxOTIuMTY4LjEuNzYiLClxOTIuMTY4LjIuNzYiXSwidG90ZW0iOnsibGlua19tb2RlIjoicGFzc2l2ZSIslmludGVyZmFjZSl6eylwlip7Im |

📋 情報をコピー

　2台目以降としてクラスタに参加するProxmox VEノードでは、［データセンター］→［クラスタ］から［クラスタに参加］を選択し、図4-9のクラスタJoin情報を入力してクラスタに参加します。クラスタに参加すると、暗号化キーとクラスタ設定が共有され、/etc/pve以下のProxmox Cluster File Systemが同期されます。

## 4-2-3

# クラスタからのノードの削除

　Proxmox VEでは、クラスタからのノードの削除はWeb管理ツールから実行できず、コンソールから実行します。クラスタからノードを削除するには、まず削除対象となるノードで動く仮想マシンを他のノードに移動する必要があります。その後で、削除対象となるノードは停止しておきます。そして、クラスタ内の他のProxmox VEノードから、対象のノードを削除します。それには、以下のコマンドを実行します。

075

```
# pvecm delnode <削除対象ノード>
```

　クラスタから対象ノードの削除が完了したら、以下のコマンドで対象ノードが正常に削除されていることをクラスタから確認します。

```
# pvecm status
```

　クラスタから削除された対象ノードを別のクラスタで再度利用する場合には、Proxmox VEの再インストールが推奨されています。どうしてもそのまま利用したい場合には非推奨ながら以下のドキュメントで手順が公開されています。

●参考URL：「Cluster Manager – Remove a Cluster Node」
https://pve.proxmox.com/wiki/Cluster_Manager#_remove_a_cluster_node

## 4-2-4
## データセンターの構成

　Proxmox VEの既定では、データセンターリソースの下でProxmox VEノードを管理します。クラスタを構成すると、複数のProxmox VEノードがデータセンターリソースの管理下に置かれ（図4-10）、データセンターリソースの設定内容はクラスタ全体で利用されます。以下にそれらの設定内容を示します。

### 検索
　対象となるProxmox VEデータセンターの持つすべてのリソースをリスト表示して検索フィールドから必要なリソースを絞り込むことができます。

### サマリー
　サマリーではProxmox VEデータセンターのリソースの利用状況やソフトウェアのバージョン情報を一覧表示で確認することができます。

### 注釈
　対象となるProxmox VEデータセンターの注釈としてテキストメモを保存することができます。Markdownを使って記述することでリッチテキスト形式でさまざまな情報を管理することができます。

図4-10:データセンターの設定メニュー

### クラスタ

ホストに対するクラスタ設定を管理することができます。クラスタの作成や、既存クラスタへの参加の設定に必要なJoin情報の参照、Join情報を使った既存クラスタへの参加が可能です。

### Ceph

Cephストレージの管理を行うことが可能です。

### オプション

クラスタ単位で定義可能なオプション値を設定できます。設定可能なオプションの各項目の概要を以下に示します。

### ・キーボードレイアウト

既定では、Web管理ツールからコンソール接続したときにゲストOS内のキーボード設定が利用されます。Web管理ツールからコンソール接続するときのキーボードレイアウトをこの設定で明示的に指定することが可能です。

The Practical Guide to Server Virtualization for Proxmox VE　　CHAPTER 4

## ・HTTPプロキシ

　既定ではnoneが設定されています。パッケージのアップデートやサブスクリプションのアップデート時にHTTPプロキシを介したアクセスが必要な環境ではこの設定が必要です。即座に設定を有効化するにはProxmox VEノードのコンソールでpveupdateコマンドを実行する必要があります。

## ・コンソールビューワ

　Web管理ツールを使ったコンソールで利用されるコンソールビューワを指定します。第3章で紹介したUSBリダイレクトやファイル転送、マルチメディア再生時のオフロードなど高機能な接続を提供するSPICEを既定の設定として変更する場合には、ここで指定します。この設定を変更しなくても仮想マシンから設定時にコンソールビューワを指定して接続することは可能です。

## ・送り元メールアドレス

　既定で利用されるメール通知で利用される送信元メールアドレスを指定します。通知設定で送信元メールアドレスを指定しない場合に利用される設定です。個別に設定を行うことが前提である場合には既定の設定のままでも問題ありません。

## ・MACアドレスプレフィックス

　仮想マシン作成時に自動的に割り当てられるMACアドレスの範囲を指定します。既定ではBC:24:11が利用されます。同一のL2ネットワーク上に別のProxmox VEクラスタが存在する場合には、ローカルアドレスのプレフィックスを利用して複数のクラスタにおけるMACアドレスの競合を防ぎます。残念ながら第3オクテット以降のプレフィックスを指定することはできません。

## ・マイグレーションの設定

　マイグレーション時に利用するネットワークを指定することが可能です。

## ・HA設定

　Proxmox VEノードのシャットダウン操作が実行されたときの挙動を4つのモードから設定することができます。既定では「Conditional」が設定されていて、再起動なのか停止なのかを判別して最適な動作を行います。すべてのHAサービスの移行完了を待機してからサーバー停止の動作を開始する「Migrate」、サーバーがオンライン状態に復帰するまでHAサービスを停止する「Freeze」などから選択することができます。

●参考URL：「High Availability – Node Maintenance」
https://pve.proxmox.com/wiki/High_Availability#ha_manager_node_maintenance

### ・クラスタリソースのスケジューリング

　仮想マシン／コンテナが起動するノードをどういう基準でクラスタ内のHAサービスが選択するかを指定することができます。既定では「Basic」が選択されており、これは稼働するHAサービスの数（＝HAで保護された仮想マシン／コンテナの数）をもとに起動するホストを選択します。「Static Load」の場合は、各ノードのCPU／メモリの利用率に基づいて起動するノードを選択します。この設定項目は、HAによる再起動のときのみに利用され、通常の仮想マシン／コンテナの起動では利用されない点や、現在はテクノロジープレビューとして提供されている点に注意が必要です。

●参考URL：「High Availability – Cluster Resource Scheduling」
https://pve.proxmox.com/wiki/High_Availability#ha_manager_crs

### ・U2F設定／WebAuthn設定

　多要素認証で必要となる設定を構成します。U2Fの利用は非推奨で、WebAuthnの利用が推奨されています。WebAuthnを使った多要素認証を行うには、Proxmox VEのWeb管理ツールにアクセスする際に有効なSSL証明書を持ったFQDNでアクセスする必要があります。

●参考URL：「User Management - Two-Factor Authentication」
https://pve.proxmox.com/wiki/User_Management#pveum_tfa_auth

### ・帯域幅制限値

　特定のトラフィックに対するネットワーク帯域を制限することができます。「バックアップ／リストア」「マイグレーション」「クローン」「ディスク移動」といったトラフィックに対してそれぞれ帯域をMiB/sで設定します。

### ・最大Worker数／バルク動作

　クラスタ内のノードあたりで仮想マシン操作などの同時実行できるタスクの上限数を構成することができます。既定では4タスクが上限です。

### ・次の自由なVMIDレンジ

　仮想マシン作成時に設定するVMIDの利用可能な範囲を指定します。既定では100〜1,000,000が利用可能です。複数のProxmox VEクラスタで共有するストレージやバックアップ、監視、ログ管理などがあり、そうした共有システムを持つすべてのクラスタで仮想マシンをユニークに識別するためにVMIDを利用する場合、クラスタごとに異なるVMIDの範囲を割り当てることで競合を防ぐことができます。

## ・タグスタイルの上書き
　タグを使ったリソース管理の表示に関する色や表示形式などの設定を変更することができます。

## ・User Tag Access
　リソースにタグを付与するポリシーを設定することができます。
　既定では、自由に入力できる「free」が選択されていますが、あらかじめ管理者が定義済みのタグの中からしか選択できない「list」、それに加えてユーザーが追加したタグも選択可能な「existing」など、運用に合わせて構成が可能です。
　ただし、Sys.Modifyの権限を持ったユーザーはこのポリシーに関係なくタグを自由に設定できるため、ポリシーを使ったタグの運用を想定する場合は各ユーザーに割り当てる権限について気を付ける必要があります。

●参考URL：「Graphical User Interface-Tags」
https://pve.proxmox.com/wiki/Graphical_User_Interface#gui_tags

## ストレージ
　クラスタ内のノードが利用するストレージの構成・管理を実施します。ストレージの詳細については第5章で解説します。

## バックアップ
　クラスタ内のリソースのバックアップ設定が行えます。バックアップの詳細については第7章で解説します。

## レプリケーション
　ZFSストレージのレプリケーションと連携して仮想マシンのレプリケーションを構成することができます。最短1分間隔のレプリケーションを構成することができ、Proxmox VEのHAサービスとの連携も可能ですが、共有ディスク構成とは異なり、レプリケーションされていないデータは失われることになるため、データ整合性が重要な本番環境での利用は推奨されません。

## アクセス権限
　Proxmox VEクラスタのユーザーアカウントの管理や、認証の設定、アクセス権の設定が行えます。詳細については「3-2 Proxmox VEのユーザーと権限の管理」を参照してください。

## HA
　仮想マシンやコンテナの冗長化を設定できます。詳細については次節で解説します。

## SDN

SDNを構成するゾーン、VNet、IPAM（IP Address Management）を設定できます。詳細については第6章で解説します。

## ACME

ACME（Automatic Certificate Management Environment）では、Proxmox VEクラスタ内で利用する証明書の管理／運用を、Let's EncryptといったACMEに対応している認証局と連携して自動化することができます。

●参考URL：「Certificate Management」

https://pve.proxmox.com/wiki/Certificate_Management

## ファイアウォール

クラスタレベルのファイアウォールを設定することができます。詳細は第6章で解説します。

## メトリックサーバー

外部のメトリックサーバーと連携してProxmox VEのリソースを監視することができます。GraphiteとInfluxDBの2つのソリューションをサポートしています。また、直接連携するわけではありませんが、Proxmox VEのAPI経由でProxmox VEリソースをサポートするZabbixについても第9章で解説します。

●参考URL：「External Metric Server」

https://pve.proxmox.com/wiki/External_Metric_Server

## リソースマッピング

PCIデバイスを直接仮想マシンに割り当てたときのHAやライブマイグレーションの制限を回避するために、複数のホストの同じPCIデバイスを抽象化して1つのデバイスとして定義することができます。

## 通知

Proxmox VEクラスタで発生したイベントについて管理者宛に通知することができます。詳細は「3-3 Proxmox VEの通知」で解説しています。

# 4-3 Proxmox VEのクラスタの利用

Proxmox VEでは、構成したクラスタ内でノード間の仮想マシンの移動（ライブマイグレーション）と仮想マシン／コンテナのHA構成を行うことができます。

## 4-3-1
## ノード間の仮想マシン／コンテナの移動（ライブマイグレーション）

ノード間の仮想マシン／コンテナの移動に必要な条件は、以下の2つです。

1. 移行元ノードと移行先ノードのCPU互換性があること。
2. 仮想マシン／コンテナが共有ディスク上に配置されていること。

1.のCPU互換性に関しては、第3章で紹介した仮想マシンのCPU設定で異なるCPU世代のCPUを利用している場合でも、CPU互換性を担保することができます。

仮想マシンの移動（ライブマイグレーション）を実行するには、対象となる仮想マシンを選択し右クリックして［マイグレート］を選択する、または仮想マシンを選択した状態で［マイグレート］ボタンをクリックします。続いて、移行先ノードを選択することで仮想マシンの移動を実行できます。

**図4-11：マイグレートの実行（メニュー）**

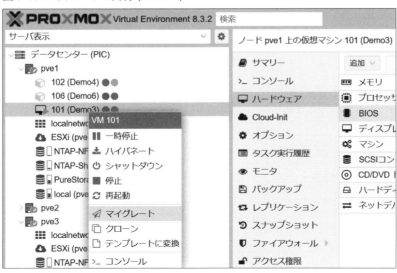

図4-12:マイグレートの実行(ボタン)

### 4-3-2
## 仮想マシン／コンテナのHA構成

　仮想マシン／コンテナが動作しているProxmox VEノードに障害が発生したとき、別のProxmox VEノードで再起動するHA構成を設定することができます。仮想マシン／コンテナの移動と異なり、仮想マシン／コンテナは再起動するため、CPUの互換性は不要ですが、仮想マシン／コンテナが共有ディスク上に配置されていることが必要な条件となります。

　仮想マシン／コンテナのHA構成を設定するには、[データセンター]→[HA]を選択して[追加]ボタンをクリックします(図4-13)。

図4-13:HA構成の追加

次に、対象となる仮想マシン／コンテナを指定します（図4-14）。必要に応じて［グループ］を選択して［追加］ボタンをクリックします。

**図4-14:HA構成の設定**

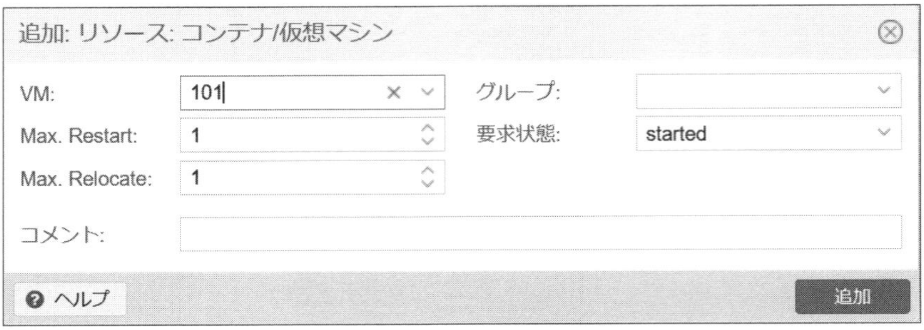

| 追加: リソース: コンテナ/仮想マシン | ⊗ |
|---|---|
| VM: 101 | グループ: |
| Max. Restart: 1 | 要求状態: started |
| Max. Relocate: 1 | |
| コメント: | |
| ❓ ヘルプ | 追加 |

この後、HAサービスが作成されて「started」の状態になれば、正常にHAサービスが稼働しています（図4-15）。

**図4-15:HA構成のステータス**

リソース

追加　編集　削除

| ID ↑ | 状態 | ノード | 名前 | Max. Restart | Max. Reloc... | グループ | 説明 |
|---|---|---|---|---|---|---|---|
| vm:101 | started | pve1 | Demo3 | 1 | 1 | | |

既定では、HAサービスで保護された仮想マシン／コンテナは、クラスタ内のすべてのProxmox VEノードにおいて、HAサービスで保護された仮想マシン／コンテナが少ないProxmox VEノードで再起動されます。

物理サーバーに紐づくライセンスなど、クラスタ内の特定のProxmox VEノードのみで仮想マシン／コンテナを起動したい場合には、グループ単位で起動可能なProxmox VEノードの制限や優先度の設定が可能です。グループを作成するには、［データセンター］→［HA］→［グループ］で［作成］ボタンをクリックして、グループの作成画面を表示します（図4-16）。

［ID］にはグループ名を入力し、起動を許可するノードのチェックボックスを有効にして選択することで、起動するホストを制限します。既定では、選択されていないノードは、すべての選択したノードが利用できない場合には起動ホストとして利用されます。ゲストOSやミドルウェアなどのライセンス要件で絶対に起動させてはいけない場合は選択対象から除外した上で、［restricted］チェックボックスを有効にして、選択したノード以外での起動を制限する必要があります。

● 4-3 | Proxmox VEのクラスタの利用

　また、既定では優先度が高いノードがオフライン状態から復帰した場合、HAサービスはもともと稼働していたノードにフェイルバックとして仮想マシンを移動しようとします。このフェイルバックを無効にするのが[nofailback]オプションです。

**図4-16:グループの作成**

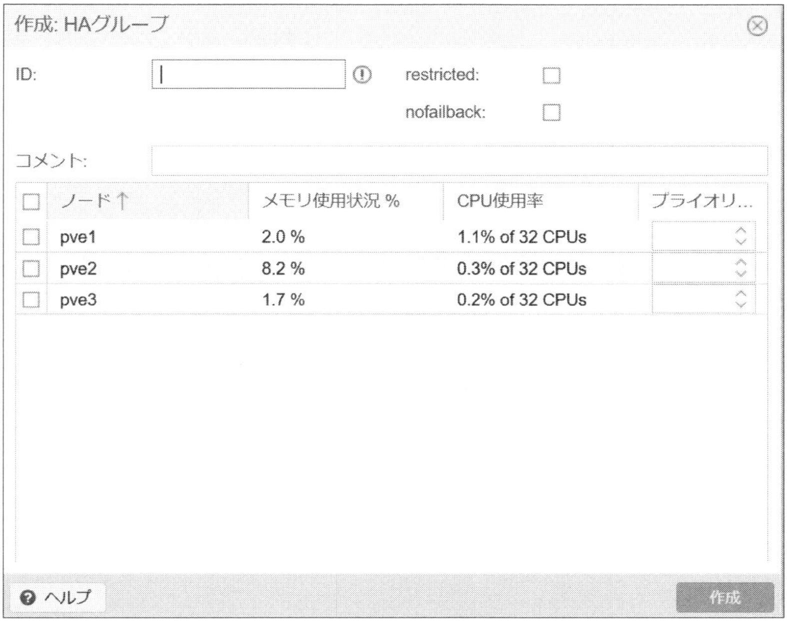

### 4-3-3
# HA 構成時のノードのメンテナンス

　HA構成時のProxmox VEノードのメンテナンスでは、メンテナンスモードを使うと、対象ノード上で稼働するHAサービスをすべて退避することで、新規のHAサービスの開始を抑止することができます。このときHA構成されていない仮想マシンは稼働できてしまうので注意が必要です。

　Proxmox VEノードのメンテナンスモードの有効化はコンソールから行う必要があります。Proxmox VEノードのコンソールで以下のコマンドを実行します。

```
# ha-manager crm-command node-maintenance enable <対象となるProxmox VEノード>
```

　正常にメンテナンスモードが有効化されると、図4-17のようにノードのアイコンがメンテナンスのアイコンになります(Ver 8.3以降)。

085

**図4-17:メンテナンス実行中のノードのアイコン**

メンテナンスモードを無効にするには以下のコマンドを実行します。

```
# ha-manager crm-command node-maintenance disable <対象のProxmox VEノード>
```

第 **5** 章

The Practical Guide to Server Virtualization for Proxmox VE

# 分散ストレージと
# 外部ストレージの利用

本章では、Proxmox VE 上で動作する仮想マシンやコンテナで高可用性を実現するために共有ストレージとして利用できる分散ストレージや外部ストレージについて、構成や各ストレージタイプの特徴を解説します。Proxmox VE では多くのストレージタイプをサポートしており、そのアーキテクチャとメリット・デメリットを見ていきましょう。

The Practical Guide to Server Virtualization for Proxmox VE | CHAPTER 5

# 5-1 | Proxmox VEにおけるストレージとは?

　Proxmox VEでは、動作する仮想マシンやコンテナのデータを保存するだけでなく、さまざまな用途でローカルディスクや共有ディスクを利用します。Proxmox VEでは、そのデータの保存先をストレージとして定義し、以下の用途(保存先)として利用されます。

- **VZDump backup files(バックアップファイル)**
  Proxmox VEの標準バックアップ機能では、VZDumpツールを用いてバックアップを取得します。バックアップ取得先のストレージを明示的に指定する必要があり、VZDump用のストレージを指定して利用します。

- **ISO Image(ISOイメージ)**
  Proxmox VEにOSをデプロイするなどの用途で利用するためのISOイメージの保管先です。ゲストOSの初期セットアップに利用するISOイメージはあらかじめISOイメージ用のストレージにアップロードをしておく必要があります。Proxmox VEでは、ゲストOSの初期セットアップ時に、ISOイメージのストレージから起動用ISOイメージを指定して起動します(Windowsなど外部からドライバが必要なOSについては、VirtIO用のドライブも指定可能です)。

- **Container template(コンテナテンプレート)**
  Containerのテンプレート保管先となります。

- **Disk Image(ディスクイメージ)**
  仮想マシン(VM)のイメージ保管場所となります。Proxmox VEではqcow2、raw、vmdkなどさまざまなフォーマットの取り扱いが可能です。

- **Container(コンテナ)**
  コンテナで利用される仮想ハードディスクのイメージの保管場所となります。

- **Snippet(スニペット)**
  仮想マシンのクローン作成時のゲストOSのカスタマイズに利用されるCloud-Initスクリプトの保管先となります。

088

- Import（インポート対象のイメージファイル）

 仮想マシンのOVF/OVAイメージファイルをインポートする際のイメージファイルの保存場所となります。このインポートは、これまでCLIからしかできなかったのですが、Proxmox VE 8.3からWeb管理ツールでサポートされています。Web管理ツールでは、ストレージに保存されたイメージファイルからのみ仮想マシンとしてインポートできます。

 これらの用途で使用する場合、Disk ImageとContainerは仮想ハードディスクをイメージファイルにマッピングできるだけでなく、LUN（論理ユニット番号）やそれに代わる機能にマッピングできるため、ブロックストレージ、ファイルベースのストレージのいずれもサポートします。しかし、それ以外のテンプレートやISOイメージはすべてファイルシステム上で管理される必要があるため、ファイルベースのストレージのみがサポートされます。

 Proxmox VEではここで解説したさまざまなデータの保存先として多くのストレージタイプをサポートしています。

## 5-1-1
# ストレージタイプごとの機能サポート

 ストレージタイプのアーキテクチャによっては、共有ディスクとしての利用可否、スナップショットや仮想マシンのクローンの利用可否に違いがあります。なお、一般的に使われる各ストレージタイプの特徴については、クローン機能への対応も含め、次の5-2節で詳しく説明します。

**表5-1：各ストレージタイプの機能サポート**

| ストレージ<br>タイプ | プラグイン<br>タイプ | 動作レベル<br>（ファイル単位か<br>ブロックレベル） | 複数ノードでの<br>共有の可否 | スナップショッ<br>ト機能の有無 | Stable の<br>機能かどうか |
|---|---|---|---|---|---|
| ZFS（Local） | zfspool | 両方 | × | ○ | ○ |
| Directory | dir | ファイル単位 | × | × | ○ |
| BTRFS | btrfs | ファイル単位 | × | ○ | テクノロジー<br>プレビュー |
| NFS | nfs | ファイル単位 | ○ | × | ○ |
| CIFS | cifs | ファイル単位 | ○ | × | ○ |
| Proxmox Backup | pbs | 両方 | ○ | n/a | ○ |
| GlusterFS | glusterfs | ファイル単位 | ○ | × | ○ |

| ストレージ<br>タイプ | プラグイン<br>タイプ | 動作レベル<br>（ファイル単位か<br>ブロックレベル） | 複数ノードでの<br>共有の可否 | スナップショッ<br>ト機能の有無 | Stable の<br>機能かどうか |
|---|---|---|---|---|---|
| CephFS | cephfs | ファイル単位 | ○ | ○ | ○ |
| LVM | lvm | ブロックレベル | × | × | ○ |
| LVM-Thin | lvmthin | ブロックレベル | × | ○ | ○ |
| iSCSI/kernel | iscsi | ブロックレベル | ○ | × | ○ |
| iSCSI/usermode | iscsidirect | ブロックレベル | ○ | × | ○ |
| Ceph RBD | rbd | ブロックレベル | ○ | ○ | ○ |
| ZFS over iSCSI | zfs | ブロックレベル | ○ | ○ | ○ |

※ ZFS（バックエンド）の機能サポートは下記のとおりです。

| コンテンツタイプ | イメージの形式 | 複数ノードでの<br>共有の可否 | スナップショット機能<br>の有無 | クローン機能の対応 |
|---|---|---|---|---|
| images、rootdir | raw、subvol | × | ○ | ○ |

## 5-1-2
# ストレージタイプにおける接続プロトコルのサポート

Proxmox VEでの接続プロトコルのサポートは大きく3つに分かれます。

- **Direct**:ノードに内蔵されたRAIDカードやHBA（Host Bus Adapter）を用いた接続方式です。内蔵されたディスクが接続される方式となります。

- **iSCSI**:IP over SCSIの略称です。iSCSIプロトコルを用いて、ストレージと通信を行うことができます。一般的なネットワークカード（NIC）で利用できるため、比較的導入しやすいのが特徴です。

- **NFS**:NFSのプロトコルを用いて、ファイルシステムとしてストレージと接続を行います。こちらも、iSCSIと同様、ネットワークを介して接続を行います。

- **FC**:FC（ファイバチャネル）は、専用のNIC（HBA）と光ファイバを経由してストレージと接続を行います。専用のNIC、スイッチ、ストレージなどを用意する必要があり、ハイ

エンド向けの環境に用いられます。

### 5-1-3

## ストレージ接続の冗長化

　外部ストレージ（iSCSIやNFSやFC）を利用する場合は、ネットワークの可用性を考慮する必要があります。

　iSCSIの可用性と性能向上の手法にはマルチパス（複数のNIC）が用いられます。本番環境におけるiSCSIの利用はマルチパスが推奨されており、Proxmox VEでもDebian Linux側の機能でサポートされています。マルチパスの設定はProxmox VEのWeb管理ツールでは行うことができずCLIを用いて設定する必要があります。

　紙面の都合上、詳細な説明は割愛しますが、下記URLの公式ドキュメントなどを参考に、本番環境では利用するストレージベンダーの推奨構成に従って設定を行います。

●参考URL：「ISCSI Multipath」
https://pve.proxmox.com/wiki/ISCSI_Multipath

　NFSについては、バージョンごとにサポートされるパス構成が異なります。バージョン3の場合は、ボンディングを用いており、プロトコルでマルチパスがサポートされません。バージョン4.1からマルチパスがサポートされます。プロトコルがサポートしてもストレージが利用できるとは限らないため、利用するストレージに合わせて検討を行う必要がある点に留意してください。

　FCの場合、ノードごとに専用のHBAを接続し、専用のスイッチを経由してストレージと接続します。iSCSIと構成自体は似ていますが、FC専用のSAN（Storage Area Network）と呼ばれる専用のネットワークを用いて構成を行います。

# 5-2 ｜ 各ストレージタイプの特徴

　本節では、一般的に使われるストレージタイプの特徴と機能の概要について解説します。個々のストレージタイプに触れる前にまず、以下のように、選択するストレージタイプは、ストレージ領域がどのように接続できるかによって絞り込むことが可能です。

## ■ローカルディスクでの利用

ZFS(Local)
Directory
BTRFS(テクノロジープレビュー)
LVM
LVM-Thin

## ■iSCSIプロトコルを使った接続

iSCSI/kernel
iSCSI/usermode
LVM over iSCSI/kernel
LVM over iSCSI/usermode
ZFS over iSCSI

## ■FCプロトコルを使った接続

ZFS(Local)
Directory
BTRFS(テクノロジープレビュー)
LVM
LVM-Thin

## ■NFSプロトコルを使った接続

NFS

## ■SMBプロトコルを使った接続

CIFS

## ■Gluster独自プロトコルを使った接続

GlusterFS

## ■ローカルディスクを分散ストレージとして接続

RBD(Ceph RBD)
CephFS(Ceph File System)

## 5-2-1
# ストレージタイプ：Directory

　Directory（Dir）タイプのストレージは、ローカルディスクでの利用を目的としたストレージタイプとなります。サポートされるフォーマットはxfsとext4の2種類です。

　Proxmox VEのノードのファイルシステムをストレージとして利用します。そのため、ノード単位での設定が必要となります。Directoryタイプのストレージは共用ストレージとして利用することはできないので注意してください。Directoryの諸元は以下のとおりです。

**表5-2:Directoryタイプのストレージ**

| コンテンツタイプ | イメージ形式 | 複数ノードでの共有の可否 | スナップショットのイメージ形式 | クローンのイメージ形式 |
| --- | --- | --- | --- | --- |
| images、rootdir、vztmpl、iso、backup、snippets | raw、qcow2、vmdk、subvol | × | qcow2 | qcow2 |

　Web管理ツールでDirectory（Dir）タイプのストレージを設定するには、[<ホスト名>]→[ディスク]→[ディレクトリ]にアクセスします。

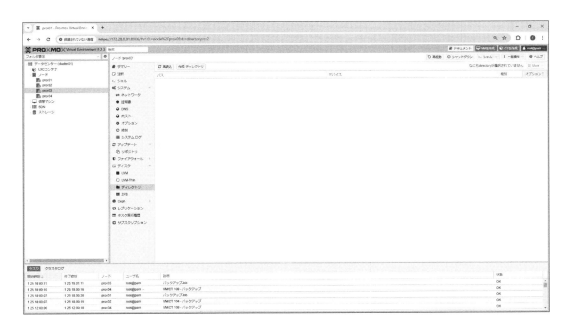

　設定時のパラメータは下記のとおりです。

- **ディスク**:利用するディスクを指定します(例:/dev/sdbなど)。
- **ファイルシステム**:ext4またはxfsを選択します。
- **名前**:ストレージカラムに表示される名前を入力します。

### Directoryタイプのメリット

Directoryタイプを単体で利用するときに、ノードのCPUやメモリに負担をかけずに利用できるファイルシステムとなります。ノードに搭載されたRAIDカード(HBA)でRAIDを組んだ場合でも利用できるため、可用性などの確保も可能となります。

### Directoryタイプのデメリット

Directoryタイプはノード単体でのみ利用できるストレージタイプです。Proxmox VEでクラスタを組んで共有ディスクとして利用する場合は、別のストレージタイプを利用する必要があるので注意してください。

## 5-2-2
# ストレージタイプ:iSCSI

ストレージタイプとしてiSCSIを選ぶと、iSCSIプロトコルを用いたストレージ接続が可能です。iSCSIの場合、ネットワーク上のストレージをブロックデバイスとして接続して利用可能となります。比較的新しいプロトコルではありますが、多くのストレージベンダーがサポートしているため、登場するシーンも多くあります。

iSCSIタイプのストレージを利用する場合、Proxmox VEがiSCSIプロトコルで外部ストレージと接続し、iSCSIターゲットをストレージタイプとして登録します。そして、登録されたiSCSIターゲットが持つLUNを仮想マシンに仮想ハードディスクとして1対1でマッピングします。仮想マシンから直接ブロックが見えるため、ファイルベースのストレージに比べるとオーバーヘッドが少ない

のが特徴です。iSCSIの諸元は以下のとおりです。

**表5-3:iSCSIタイプのストレージ**

| コンテンツタイプ | イメージ形式 | 複数ノードでの共有の可否 | スナップショット機能の有無 | クローン機能の有無 |
| --- | --- | --- | --- | --- |
| images、none | raw | ○ | × | × |

### Web管理ツールからの接続

　iSCSIはWeb管理ツールから接続が可能ですが、事前に各ノードに設定された、iSCSI Initiatorアドレスをストレージ側に登録する必要があります。このiSCSI InitiatorはWeb管理ツールから確認できず、CLIからのみ確認することができます（CLIからの変更も可能）。図5-1では、/etc/iscsi/initiatorname.iscsiというファイルの内容を確認しています。「InitiatorName =iqn.1993-08.org……」の部分がiSCSI Initiatorアドレスです。ノードが4台の場合、4台すべてのInitiatorNameを登録する必要があります。

**図5-1:iSCSI Initiatorの確認**

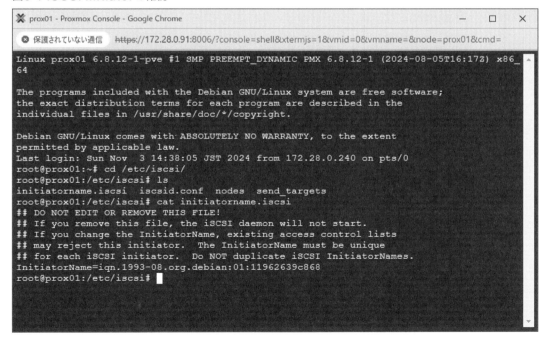

　iSCSIストレージを利用するためには、Web管理ツールで［データセンター］→［ストレージ］→

［追加］→［iSCSI］を選択して、iSCSIブロックデバイスを作成します。

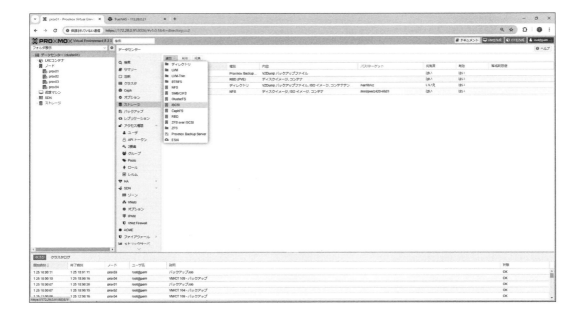

### 利用時の注意事項

　iSCSIストレージタイプでは、接続管理が重要になります。iSCSIではInitiatorによる制御やCHAP認証などが可能ですが、Proxmox VEでは1つのProxmox VEノードから仮想マシンの仮想ディスク単位で接続が行われます。アクセス制御の制限はノード単位でしかできないため、管理者の操作ミスで誤った仮想マシンにLUNを接続しないように注意する必要があります。

　以下は、iSCSIの登録画面です。

　この画面での設定項目については下記のとおりです。

- **ID**:Proxmox VE上で表示される名前です。iSCSIターゲットの名前であり、仮想マシンの仮想ハードディスク作成時の選択肢として表示されるため、わかりやすい名前を付けることが重要です。
- **Portal**:接続先（外部ストレージ）のIPを入力します。正しいIPを入力すると外部ストレージのIQN（iSCSI Qualified Name）を確認することができます。iSCSI単独で利用する場合には［LUNsを直接使用］にチェックを入れる必要があります。

仮想マシンからiSCSIストレージを利用する場合は、以下の画面のように構成します。この画面の［ディスクイメージ］に表示されている「CH 00 ID 0 LUN 0」がブロックデバイスの番号です。

OS上では、普通の仮想ディスクと同様にフォーマットを行う必要があります。

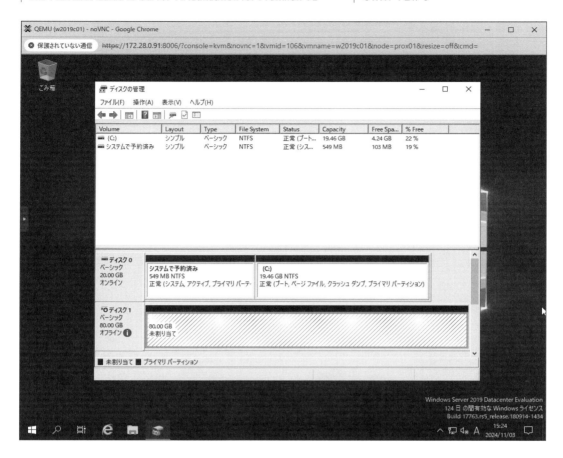

下記の画面のように複数ドライブを利用できるようにすることも可能です。

### iSCSIのメリット

　外部ストレージのLUNと仮想マシンの仮想ハードディスクとは1対1でマッピングするため、ファイルレベルの仮想ディスクよりもオーバーヘッドが少なく、ストレージのパフォーマンスを生かすことが可能です。

　また、仮想マシンから見てRAWデバイスとして扱われているため、外部ストレージが持つスナップショット機能やレプリケーション機能を有効に活用することが可能です。このような機能により、高機能なエンタープライズ向けストレージとして利用している場合には運用面で恩恵を受けることができます。

### iSCSIのデメリット

　仮想マシンの仮想ハードディスク単位でLUNが必要となるため、仮想マシンの作成のたびにLUNを作成します。また、「仮想ハードディスク数＝LUN数」となり、それぞれにiSCSIセッションが確立されるため、ストレージ側のLUN数やセッション数の上限に達しないように運用する必要があります。

## 5-2-3
## ストレージタイプ：iSCSI + LVM

　ストレージタイプをiSCSI＋LVMとする場合、上記のiSCSIストレージタイプで登録したドライブをProxmox VE上でLVMとして取り扱い、LV（Logical Volume）単位で仮想マシンに割り

当てていくストレージタイプとなります。iSCSIストレージタイプでは仮想ハードディスク単位で
LUNを作成しましたが、iSCSI+LVMの構成ではLVMを用いることで1つのLUNの中に複数の
仮想ハードディスクを作成できます。iSCSI+LVMの諸元は以下のとおりです。

**表5-4:iSCSI＋LVMタイプのストレージ**

| コンテンツタイプ | イメージ形式 | 複数ノードでの共有の可否 | スナップショット機能の有無 | クローン機能の有無 |
|---|---|---|---|---|
| images、rootdir | raw | ○ | × | × |

## Web管理ツールからの接続

　外部ストレージにはInitiatorNameを登録する必要があり、取り扱うすべてのノードを登録し
ます。iSCSI+LVMでは、先にiSCSIでブロックを登録し、LVM側で登録したディスクでVG
（Volume Group）を作成します。また、[LUNsを直接使用]のチェックを外す必要があります。
　以下はiSCSIの登録画面です。LVMで利用する場合は[LUNsを直接使用]のチェックを外し
ます。

次は、LVMの登録画面です。

### 利用時の注意事項

iSCSI+LVMは、iSCSI単体で利用する場合と比較すると、Proxmox VE側でLUN (LV) の管理が行われるため、運用負担が少ないストレージタイプです。その一方で、ストレージ側のLUNと仮想マシンの間にLVMのレイヤーが追加されるため、iSCSIストレージタイプのようにストレージ側のスナップショットやレプリケーション機能を使った際にはLVMの制限に抵触することがあるので注意が必要です。

### 設定時のパラメータ解説

以下は、iSCSI+LVMでの設定画面です。

この画面の設定項目は以下のとおりです。

- **ID**:Proxmox VE上で見える名前を入力します。
- **ベースストレージ**:追加したiSCSIのExtentsを選択します。
- **ベースボリューム**(iSCSI選択時のみ):iSCSIで接続されるドライブ(LUN)を選択します。
- **ボリュームグループ**:作成するボリュームグループの名前を入力します。
- **共有済**:共用ストレージで利用する場合はチェックを入れます。
- **削除されたボリュームを消去する**:ボリューム削除時にデータ復旧ができないように完全に消去されます。

### iSCSI+LVMのメリット

LUNの管理などiSCSI特有の管理オペレーションは不要です(例:VM単位のiSCSIターゲットの作成、LUNやExtentsなどの作成が不要)。ストレージ側のLUN数や同時iSCSIセッション

数の上限を考慮する必要はありません。

## iSCSI+LVMのデメリット

LVMのレイヤーが追加されることにより、ストレージオペレーションの制限があります。

### 5-2-4
## ストレージタイプ：NFS

NFSは、Network File Systemの略であり、古くから存在するストレージ共有技術の1つです。NFSの場合、ストレージサーバーで用意されたファイルシステムをProxmox VE側でマウントして利用します。NFS自体は非常に成熟した汎用的なプロトコルであるため、ほとんどの外部ストレージベンダーがサポートしています。

### Web管理ツールからの接続

NFSを設定するには、［データセンター］→［ストレージ］→［追加］→［NFS］を選択します。

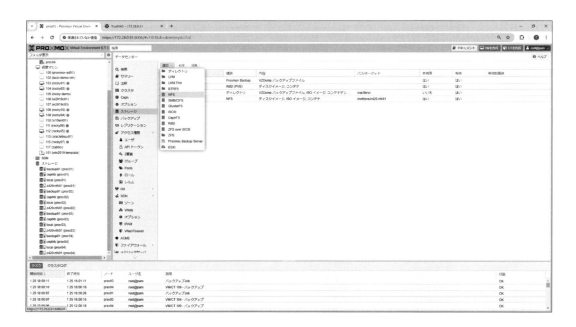

以下は、NFSの設定画面です。

## 利用時の注意事項

NFSには、バージョン3〜バージョン4.2まで複数のバージョンが存在します。[NFSバージョン]で「既定」と設定して接続する場合はバージョン4.2として接続を行いますが、ストレージベンダーによって推奨されるNFSのバージョンがあるので注意が必要です（NetAppなどはNFS 4.1を推奨）。

NFSの登録時のパラメータは以下のとおりです。

- **ID**:Proxmox VE上でのストレージ名を登録します。
- **サーバ**:IPアドレスで入力します。
- **Export**:ストレージ側から提供されるマウントポイントを入力（選択）します。
- **NFSバージョン**:「既定」と指定すると最新のバージョンを利用することになります。バージョンを指定することも可能です。

## NFSのメリット

NFSによるストレージの共有は古くから利用されているため、提供可能なストレージのラインナップが豊富にあります。また、ストレージの機能によりバックアップや遠隔地レプリケーションなども行えるため、災害対策をストレージに委ねて実施することが可能です。

## NFSのデメリット

iSCSIと同様、仮想マシンのネットワークとストレージのネットワークが混在する場合は輻輳リスクがあります。また、あらかじめノードの登録がNFSサーバー側に必要となります。

The Practical Guide to Server Virtualization for Proxmox VE　　CHAPTER 5

## 5-2-5

# ストレージタイプ：CIFS

　CIFSは、一般的にWindowsで利用されるファイルシステムです。Proxmox VEからはCIFSファイルシステムを提供するストレージに対して接続を行います。

　CIFSは主にファイル共有などで利用されるストレージでしたが、Hyper-V環境でのCIFSを用いたストレージ技術（Microsoft ODX）により、仮想マシンイメージの保管場所として利用可能となりました。Proxmox VEで利用するCIFSは、IDとパスワードを用いて認証を行い、認証の単位としてドメインとワークグループの両方をサポートしています。CIFSの諸元は以下のとおりです。

**表5-5:CIFSタイプのストレージ**

| コンテンツタイプ | イメージ形式 | 複数ノードでの共有の可否 | スナップショットのイメージ形式 | クローンのイメージ形式 |
|---|---|---|---|---|
| images、rootdir、vztmpl、iso、backup、snippets | raw、qcow2、vmdk | ○ | qcow2 | qcow2 |

## 利用時の注意事項

　CIFSでは、ファイルサーバー名を¥¥FileServerName¥ShareNameというUNCパスで定義するのが一般的です。ただし、ファイルサーバー名をFQDNで記載する場合は高可用性のDNSを確保する必要があります。高可用性のDNSを確保できない場合は、¥¥IPAddress¥ShareNameという記載方法でも対応可能です。また、セキュリティの観点から、CIFSのバージョン1は利用できません。

## Web管理ツールからの接続

　CIFSを設定するには、［データセンター］→［ストレージ］→［追加］→［SMB/CIFS］を選択します。

104

●5-2 | 各ストレージタイプの特徴

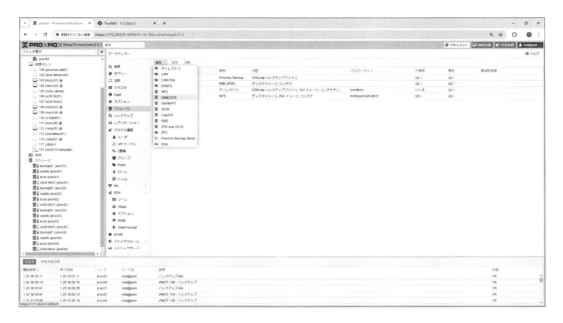

以下は、CIFSの設定画面です。

CIFSの設定内容については以下のとおりです。

- **ID**:Proxmox VE上の表示名を登録します。
- **サーバ**:IPアドレスまたはFQDNで入力します。
- **ユーザ名／パスワード**:CIFSサーバー側の認証IDを入力します。
- **ドメイン**:任意の設定項目ですが、ドメイン参加する場合に必要です。
- **Share**:自動的に共有が表示されるため保管先を選択します。

105

## CIFSのメリット

CIFSのメリットは、多くのユーザーが所有しているファイルサーバーをそのまま使えることです。普段利用しているWindowsや外部ストレージベンダーのCIFSであればユーザーは操作に慣れており、バックアップのソリューションも豊富にあるため、用途に応じた選択が可能です。

## CIFSのデメリット

iSCSIと同様、仮想マシンのネットワークとストレージのネットワークが混在する場合は輻輳のリスクがあります。また、あらかじめストレージ側で認証用のアカウントの作成とその運用が必要となります。

## 5-2-6

# ストレージタイプ：Ceph

Cephは、複数のノードに内蔵されたSSDやHDDをクラスタ化し、HCI（Hyper-Converged Infrastructure）のように利用するストレージタイプです。最低3ホストと3ディスクからの構成が可能となります。外部に共有ストレージなどを保有する必要がなく、ノードに接続されたディスクを共有ディスクとして利用できるため、コストメリットがあるのが特徴です。Cephは、ブロックデバイス（RBD）とファイルシステム（FS）の両方の取り扱いが可能です。RBDでのCephの諸元は下記のとおりです。

**表5-6：Ceph RBDタイプのストレージ**

| コンテンツタイプ | イメージ形式 | 複数ノードでの共有の可否 | スナップショット機能の有無 | クローン機能の有無 |
|---|---|---|---|---|
| images、rootdir | raw | ○ | ○ | ○ |

ファイルシステムの場合の諸元は次のとおりです。

**表5-7：CephFSタイプのストレージ**

| コンテンツタイプ | イメージ形式 | 複数ノードでの共有の可否 | スナップショット機能の有無 | クローン機能の有無 |
|---|---|---|---|---|
| vztmpl、iso、backup、snippets | none | ○ | ○ | × |

## 利用時の注意事項

CephはProxmox VEに標準インストールはされていないため、実際の利用時に導入する必要があります。また、複数のディスクをノードに接続してデータを分散して保存するため、容量に対するオーバーヘッドが発生します。既定値で導入すると、Cephは3箇所にデータを保存します。そのため、構成したディスクの持つ容量に対して、保存できる実効容量が思いのほか少なく見えてしまう点に注意が必要です。

## Web管理ツールでの設定

Cephの導入を順番に説明していきます（本節では都合により英語の画面を掲載しますが、実際には日本語表示も可能です）。

1. [Nodes]下のいずれかのホストを選択して[Ceph]を選び、[Install Ceph]をクリックしてWeb管理ツールからCephの導入を行います。

2.インストールするCephのバージョンを選択します。

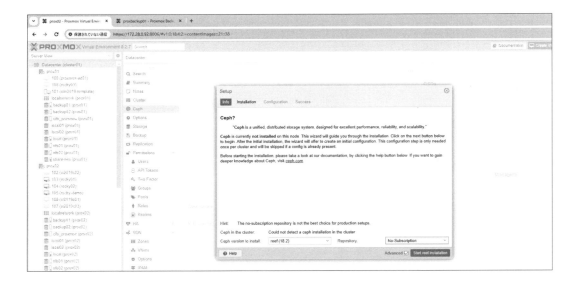

3.次は、パラメータの設定画面です。主な設定内容は下記のとおりです。

・**Public Network IP/CIDR:**ノードが接続可能なネットワーク(10Gbps以上を推奨)
・**Cluster Network IP/CIDR:**バックエンド通信ネットワーク(10Gbps以上を推奨)
・**Number of replicas:**レプリカの数(デフォルトは3)

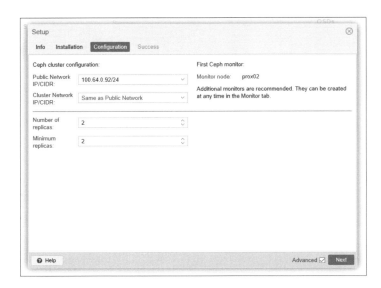

4. 次の画面でセットアップが完了します。Cephの導入自体は難しくありませんが、すべての
ノードでCephの登録を行う必要があります。

5. 各ノードのCephで利用するデータディスクとしてCeph OSDを作成します。仮想マシン
の保存用に利用する場合はSSDなどの高速なディスクを推奨します。

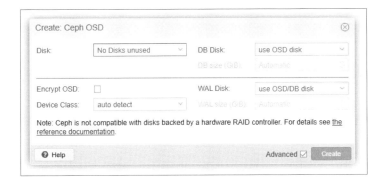

6. Cephのクラスタの状態を監視する[Monitor]と運用管理を行う[Manager]を作成します。

7. CephFSを利用できるように[Metadata Server]と[CephFS]を作成します。
CephFSは、ISOなどの保存に利用可能です。

8.Ceph RBDを作成します。ここまで完了すると、仮想マシンイメージの保管が可能です。

### Cephのメリット

Cephでは、高速のネットワークが必要ですが、外部ストレージが不要となるのが最大のメリットです。サーバー用の豊富なデバイスを利用してストレージを構成することができます。

### Cephのデメリット

CephはHPC(High Performance Computing)の世界では多く利用される分散型のアーキテクチャを採用しており、障害やパフォーマンスチューニングなどの際に機能するように複雑なアーキテクチャとなっています。その点を理解した上で運用する必要があります。

## 5-2-7
## ストレージタイプ：LVM-Thin

通常のLVMでは、ボリューム作成時にブロックを割り当てます。LVM-Thinストレージタイプでは、ブロックを書き込むときに容量を確保します。ストレージを効率的に利用可能なストレージタイプです。LVM-Thinの諸元は以下のとおりです。

The Practical Guide to Server Virtualization for Proxmox VE    CHAPTER 5

**表5-8:LVM-Thinタイプのストレージ**

| コンテンツタイプ | イメージ形式 | 複数ノードでの共有の可否 | スナップショット機能の有無 | クローン機能の有無 |
|---|---|---|---|---|
| images、rootdir | raw | × | ○ | ○ |

　スナップショットやクローンも利用可能であり、容量効率の良いLVM-Thinですが、共有ストレージとして利用できないため、使い方は限定的です。

# 5-3 | Proxmox VEのストレージの管理

　本章はここまでProxmox VE上の仮想マシンやコンテナのデータを保存するストレージタイプについて紹介してきました。

　これらのストレージはWeb管理ツールからの管理のほかにCLIやAPIを使った管理にも対応しています。基本的な運用管理はWeb管理ツールから行えますが、自動化したい場合などには準備されている専用のコマンドを使ったCLIの管理も可能です。詳細は下記URLの情報などを参照してください。

●参考URL:「Using the Command-line Interface」
https://pve.proxmox.com/pve-docs/chapter-pvesm.html#_using_the_command_line_interface

　また、ストレージタイプとしてファイルベースのアーキテクチャを採用している場合は、ストレージタイプで設定された保存対象に応じて保存先ディレクトリが作成され、そこにデータが保存される仕組みになっています。以下の表に保存対象と保存先ディレクトリを示します。

**表5-9:ファイルベースストレージの保存対象と保存先ディレクトリ**

| 保存対象 | 保存先ディレクトリ |
|---|---|
| VM イメージ | images/<VMID>/ |
| ISO イメージ | template/iso/ |
| コンテナテンプレート | template/cache/ |

112

| 保存対象 | 保存先ディレクトリ |
|---|---|
| バックアップファイル | dump/ |
| Snippet（スニペット） | snippets/ |
| Import（インポート対象のイメージファイル） | import/ |

# 5-4 | Proxmox VEの商用ストレージの サポート状況

　本書を執筆している2024年10月時点では、商用ストレージのNetApp社がProxmox VEと NetApp ONTAPシリーズの接続を公式にサポートしています。サポート内容の詳細については 下記URLを参考にしてください。

●参考URL：「Proxmox VEとONTAP - NetApp Solutions」
https://docs.netapp.com/ja-jp/netapp-solutions/proxmox/proxmox-ontap.html

　この公式サポートは、Proxmox VEの本格的な導入を検討されているユーザーにとって心強 いのではないかと思います。ONTAPでサポートされるProxmox VEのストレージタイプについて は、以下の表のとおりです。

**表5-10:ONTAPでサポートされるProxmox VEのストレージタイプ**

| コンテンツタイプ | NFS | SMB/CIFS | FC | iSCSI | NVMe-oF |
|---|---|---|---|---|---|
| バックアップファイル | ○ | ○ | ×[※A] | ×[※A] | ×[※A] |
| VMディスク | ○ | ○ | ○[※B] | ○[※B] | ○[※B] |
| CT（コンテナ）ボリューム | ○ | ○ | ○[※B] | ○[※B] | ○[※B] |
| ISOイメージ | ○ | ○ | ×[※A] | ×[※A] | ×[※A] |
| CT（コンテナ）テンプレート | ○ | ○ | ×[※A] | ×[※A] | ×[※A] |
| Snippet | ○ | ○ | ×[※A] | ×[※A] | ×[※A] |

※A　共有フォルダを作成してDirectoryタイプのストレージを使用するには、クラスタファイルシステムが必要です。
※B　LVMタイプのストレージを使用。

NFS、SMB/CIFSなどのファイルシステムのほかに、FC/iSCSI/NVMe-oFなどのブロック接続もサポートしています。ストレージ自体に強力なスナップショットやスナップミラーによる遠隔地へのバックアップなどもサポートしている点に大きなメリットがあります。

Proxmox VEで仮想マシンのデータを保存するストレージは安定稼働には欠かせないものです。ストレージタイプごとにサポートされる機能に違いがあるため、実際の運用に合わせた最適なストレージタイプを選択することが重要です。

第**6**章

The Practical Guide to Server Virtualization for Proxmox VE

# ネットワークの構成／設定

本章では、Proxmox VE のネットワーク設定について解説します。Proxmox VE のネットワーク構成は Debian のネットワーク構成をベースとして構築されます。ほとんどの設定を /etc/network/interfaces に記載することで設定でき、インターフェース命名規則なども現在多く利用されている Systemd スキームが利用されています。ここでは、命名規則が変更されることでインターフェースを見失うことへの対処から紹介し、Proxmox VE 公式ドキュメントに記載がある3つのネットワーク構成について解説します。さらに、順番にネットワーク機能を解説し、最後に推奨される構成を3つ紹介することで本章のまとめとしています。

115

The Practical Guide to Server Virtualization for Proxmox VE | CHAPTER 6

# 6-1 │ Proxmox VEを構成する上で知っておきたいネットワーク構成

　ここではまず、Proxmox VEでクラスタ管理ネットワークを利用する際に知っておきたいネットワークの構成や知識、ネットワークインターフェース命名規則の設定や変更について説明します。なお、Proxmox VEの基本的なネットワーク構成の内容については、次の6-2節で解説します。

## 6-1-1
## クラスタ管理ネットワーク／ノード数

　クラスタ管理ネットワークは、クラスタを作成するネットワークであり、Corosyncのハートビートパケットが送受信されるネットワークです。切断するとCorosyncはクラスタ障害と認識し、高可用性が設定されている仮想マシンなどを移動させます。また、クラスタ管理ネットワークは遅延とジッターに非常に弱いため、Linuxブリッジなどを利用して仮想的に作成するのではなく、物理的にインターフェースを専有するようにし、他のサービスに帯域制限をかける形で常に一定の帯域を確保できるようにすることを推奨します。

　また、前述のとおり、クラスタ管理ネットワークが切断された場合、そのホスト上では仮想マシンが起動できなくなるため、プロダクション（本番）環境などでは冗長化するべきです。詳細は省きますが、Proxmox VEの設定としてバックアップリンクを作成できるため、これを設定し、それらを別々の管理スイッチに収容することでスイッチのアップグレードなどですべてのクラスタ管理ネットワークが疎通できない状態にならないように構成することを推奨します。

　本章の「6-1-5 インターフェース命名規則の固定化」で解説するとおり、Debian付属のSystemdインターフェース命名規則が更新された場合、/etc/network/interfacesに記載のインターフェース名とマッチしなくなり、その接続が切断される可能性があります。プロダクション環境などの場合は事前に検証環境などで問題にならないことを確認し、アップグレード作業を行うと思います。大きな影響は出ないと思いますが、管理ネットワークではインターフェース名を固定化してしまうことで影響を軽減するという方法が取れます。

　ノード数については、Proxmox VEで明確に定められている、最大ノード数の制限はありません。ですが、クラスタリングソフトウェアとして利用しているCorosyncを利用したエンタープライズ高可用性製品は、大まかに言えば32ノードを上限とされていることが多く、それ以上の50台程度で稼働している実績もあるようです。ただしその場合には、より高価なハードウェアとチューニングを実施する必要があるようです。そのため、筆者は24ノード程度を推奨します。これは管理ネットワークに接続し、クラスタを形成するノードの数になります。

116

## 6-1-2

# ストレージ／マイグレーションネットワーク

　Proxmox VEでは、仮想マシンストレージとしていくつかのストレージタイプをサポートしています。外部ストレージへの通信は大容量のネットワークが必要となるため分離しますが、同様に仮想マシンを移動する機能であるマイグレーションを実行した場合にも大容量の通信が発生します。これはデフォルト動作では管理ネットワークを利用して実行されるため、管理ネットワークの遅延やジッター増加の要因になる可能性があります。必要に応じてWeb管理ツール（図6-1）の［データセンター］→［オプション］→［帯域制限値］を選択し、マイグレーションで利用するネットワーク帯域の上限設定を変更することが可能です。

　ネットワーク構成が完了したら、マイグレーションに利用するネットワークを設定することを推奨します。この設定を行うことで、マイグレーションには選択されたネットワークが利用されるようになります。［データセンター］→［オプション］→［マイグレーションの設定］において利用ネットワークを選択することで設定が可能です。

**図6-1：Web管理ツールの［データセンター］画面**

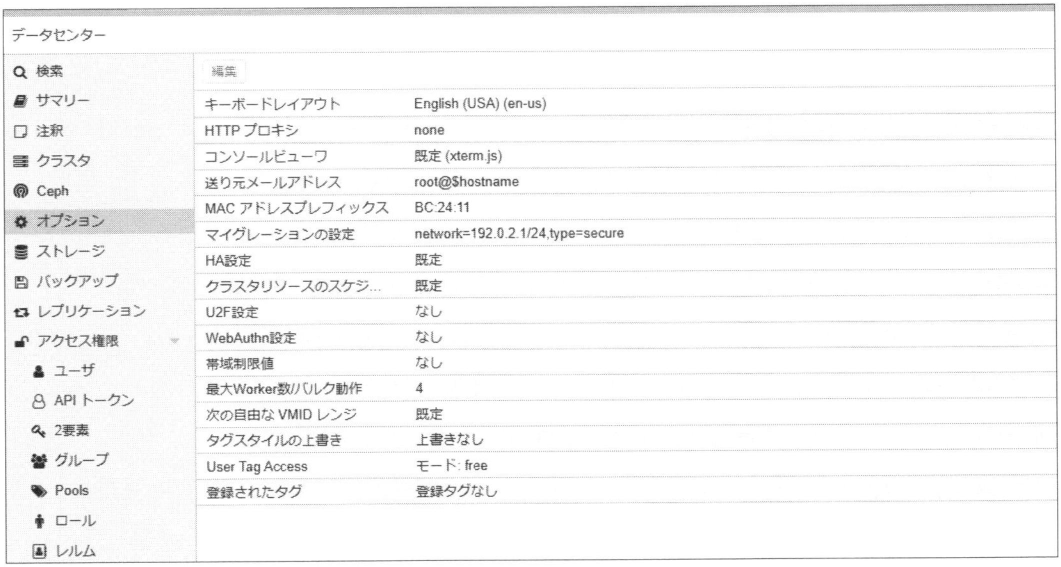

　デフォルト設定では、マイグレーションにはマイグレーション先のホスト間でSSH Tunnelを張り、セキュアな通信網を確立してから対象マシンのメモリ領域を転送します。この設定は通信が安全になるように設計されていますが、閉域網や安全が保証されているネットワークではオーバーヘッドになるため無効化することも可能です。筆者の環境では4倍程度速度が向上したので、マイ

グレーションを高速化したい場合は有用と思われます。

　暗号化の無効化設定については前述のWeb管理ツールでは変更できないため、設定ファイルを直接編集して設定する必要があります。下記のmigration設定のtype=secureをtype=insecureに変更して保存すれば問題ありません。また、この設定ファイルは/etc/pve配下にあるため、自動でクラスタノードに同期されます。

```
# nano /etc/pve/datacenter.cfg
migration: network=192.0.2.1/24,type=insecure
```

　また、Proxmox VEの標準設定であれば、Cephの分散ストレージ環境をPublic Networkのみで構築することも可能ですが、Cephでは他ノードにデータをレプリケーションすることで可用性を上げる仕組みを取っているため、書き込み処理が発生した場合にMinimum replicasの数だけ複製をネットワーク経由で他ノードへ転送します。つまり、性能を重視する場合はOSD（Object Storage Daemon）に設定するディスクの書き込み性能の2倍程度（Minimum replicas 2の場合）のネットワーク速度が必要になります。複数のOSDを設定する場合はスケールするため、最低でも10GbE以上の速度が推奨されます。

　近年のNVMe SSDを搭載している環境でCephを利用する場合、ネットワークが輻輳し不安定になる状況が発生する可能性があります。そのため、Public NetworkをCluster Networkと分離することでCeph RBDやCephFSのレプリカ同期トラフィックをCeph Public Networkと分離でき、安定した動作が望めます。

　同様にMTU（Maximum Transmission Unit）も通常では1,500byteが設定されますが、パケット分割頻度を減らしジャンボフレームで転送することで転送効率が向上します。Proxmox VEでは各インターフェースにMTUを設定できるので、ストレージ／マイグレーションネットワークには機器が対応しているできるだけ大きい値を設定すると高いスループットが見込めます。

## 6-1-3

# ネットワークインターフェースの命名規則

　Proxmox VEでのネットワークインターフェースの命名規則について説明します。ネットワーク構成でのハードウェア構成を考慮する際の参考にしてください。

**表6-1：ネットワークインターフェース等の命名規則**

| Type | 接頭辞 | 例 | 備考 |
|---|---|---|---|
| イーサネット機器<br>（Ethernet device） | en* | eno1<br>eno2 | Proxmox VE 5.0以降で使われる命名規則 |

| Type | 接頭辞 | 例 | 備考 |
|---|---|---|---|
| イーサネット機器<br>(Ethernet device) | eth[N] | eth0<br>eth1 | Proxmox VE 5.0 以前で使われる命名規則 |
| ブリッジ（Bridge） | vmbr[N] | vmbr0 vmbr4094 | [N] は 0 から 4094 が一般的です |
| ボンド（Bond） | bond[N] | bond0<br>bond1 | [N] は制限ありません |
| VLAN | eno1.<VLAN ID><br>bond1.<VLAN ID> | eno1.20<br>eno1.30 | <VLAN ID> は 1 から 4094 が一般的です |

Proxmox VE 5.0以降でen\*を接頭辞とするネットワークデバイス名は、下記のようにSystemd Network device naming schemesに準じて名前が決定します。

●参考URL：「SYSTEMD.NET-NAMING-SCHEME(7)」

https://manpages.debian.org/stable/systemd/systemd.net-naming-scheme.7.en.html

- **オンボードデバイス**：CPU SoCなどに統合されているデバイスを指します。命名規則はo<index>[n<phys_port_name>|d<dev_port>]で、例としてeno1やeno2があります。
- **ホットプラグデバイス**：命名規則はs<slot>[f<function>][n<phys_port_name>|d<dev_port>]で、例としてens2f0やens2f1があります。
- **BUS ID**：命名規則は[P<domain>]p<bus>s<slot>[f<function>][n<phys_port_name>|d<dev_port>]で、例としてenp3s0f0やenp3s0f1があります。この形式は最も一般的で、PCI Expressバス番号が含まれるため、接続スロットが変更されるとインターフェース名も変わる点に注意が必要です。
- **MACアドレス**：x<MAC>で表記されます。これはUSBネットワークインターフェースなどに多い表記方法です。USB接続バスなどにとらわれず認識させるためにMACアドレスが利用されています。MACアドレスが「00:00:5E:00:53:f0」だとすると「enx00005E0053f0」のように命名されます。

## ブリッジ命名規則の変更

Proxmox VE 8.2以前はvmbr[N]の命名規則が強制されており、任意の名前を付けることはできませんでしたが、当バージョンより可能になりました。ただし、名前は文字で始まり最大10文字までの英数字である必要があります。そのため、初期設計が重要になります。

●参考URL：「Bug 545 - Allow descriptive names for network bridges」

https://bugzilla.proxmox.com/show_bug.cgi?id=545

## 6-1-4

## 手軽にネットワークインターフェース名を確認する方法

利用中のハードウェアについての情報はhwlocを利用すると手軽に確認できます。Proxmox VEで確認する場合は、Web管理ツールの［データセンター］→［アップデート］→［リポジトリ］で［Origin］のDebianのリポジトリを有効にして追加インストールする必要があります。

hwlocは、下記のコマンドでインストールできます。

```
# apt update
# apt install -y hwloc
```

--output-format asciiや--output-format svgを利用すれば、図を出力することも可能です。下記のコマンドの出力情報からNet "<InterfaceName>"の箇所を確認することでPCIバスとネットワークインターフェースの名前を確認できます。

```
# hwloc-ls

Machine (125GB total)
  HostBridge
    PCIBridge
      PCI 66:00.0 (Ethernet)
        Net "eno1"
      PCI 66:00.1 (Ethernet)
        Net "eno2"
  HostBridge
    PCIBridge
      PCIBridge
        PCIBridge
          PCI b5:00.0 (Ethernet)
            Net "eno5np0"
          PCI b5:00.1 (Ethernet)
            Net "eno6np1"
```

## 6-1-5

## インターフェース命名規則の固定化

Proxmox VEのドキュメントでは、Systemd規則の更新やProxmox VE自体のアップデート／アップグレードによってインターフェース命名規則が変更されるのを防ぐ方法が詳細に説明さ

120

れています。この問題は、システムの安定性と一貫性を維持する上で非常に重要です。

筆者も実際に、Proxmox VE 8.2へのアップデートにより、クラスタ管理やWeb管理ツールに使用しているNICのインターフェース命名規則が変更され、結果としてシステムへのアクセスが不可能になるという事態に遭遇しました。このような状況は、特に重要な運用環境において大きな問題を引き起こす可能性があります。

このリスクに効果的に対処するため、本項では管理ネットワークに使用するNICを具体的な例として取り上げ、インターフェース名の一貫性を確保するための実践的な対策方法を詳しく紹介します。これらの手順を適切に実施することでインターフェース名とMACアドレスを紐づけて一貫性を確保します。これによりシステムの安定性を向上させ、予期せぬネットワーク接続の問題を事前に防ぐことができます。ただし、MACアドレスが変更されるNICのハードウェア交換時には再度これらの手順を実施する必要があります。

具体的には/etc/systemd/network/に<n>-<id>.linkの形式でファイルを配置する必要があります。<n>は99までの数字に、<id>はインターフェース名にすることでわかりやすいファイル名となるため、この形式が推奨されます。

推奨事項としてWeb管理ツールでインターフェースの表示と設定が変更できるようにen、ethから始まる名前にすることが推奨されています。また、将来的に名前が衝突しないことが望ましいです。たとえばenmgmt0インターフェースを設定する際、MACアドレスが「00:00:5E:00:53:f0」となっている場合は下記のようにファイルに記載します。

```
# nano /etc/systemd/network/11-enmgmt0.link

[Match]
MACAddress=00:00:5E:00:53:f0
Type=ether

[Link]
Name=enmgmt0
```

追加した<n>-<id>.linkファイルはinitramfs（システム起動時に使用される一時的なルートファイルシステム）にコピーされるため、initramfsを更新しシステムを再起動します。再起動するまで設定は反映されません。

```
# update-initramfs -u -k all
```

再起動後、MACアドレス「00:00:5E:00:53:f0」のインターフェースがvmbr0から外れる可能性があります。この問題を防ぐため、再起動前に/etc/network/interfacesファイルを編集します。具体的には、新しいインターフェース名（例：enmgmt0）を/etc/network/

interfacesファイルに反映させます。この作業で、再起動後もネットワーク接続が維持され、予期せぬ接続障害を防げます。特に、リモートで作業している場合は、この設定変更が重要です。再起動後にシステムにアクセスできなくなる事態を避けられます。

```
# nano /etc/network/interfaces

auto lo
iface lo inet loopback

auto enmgmt0
iface enmgmt0 inet manual                   # 変更したインターフェース名に合わせます

auto vmbr0
iface vmbr0 inet static
        address 192.0.2.191/24
        gateway 192.0.2.1
        bridge-ports enmgmt0                # 変更したインターフェース名に合わせます
        bridge-stp off
        bridge-fd 0
```

設定を保存し再起動が完了すれば、ip addressとdmesgのコマンドで正しく「enmgmt0」にリネームされていることが確認できます。

```
# ip address show enmgmt0
2: enmgmt0: <BROADCAST,MULTICAST,UP,LOWER_UP> mtu 1500 qdisc pfifo_fast
master vmbr0 state UP group default qlen 1000
    link/ether 00:00:5E:00:53:f0 brd ff:ff:ff:ff:ff:ff

# dmesg | grep enmgmt0
[    1.284464] virtio_net virtio1 enmgmt0: renamed from eth0
```

また、Web管理ツールからも「enmgmt0」が確認できるはずです。

**図6-2:Web管理ツールで新しいインターフェース名への変更を確認**

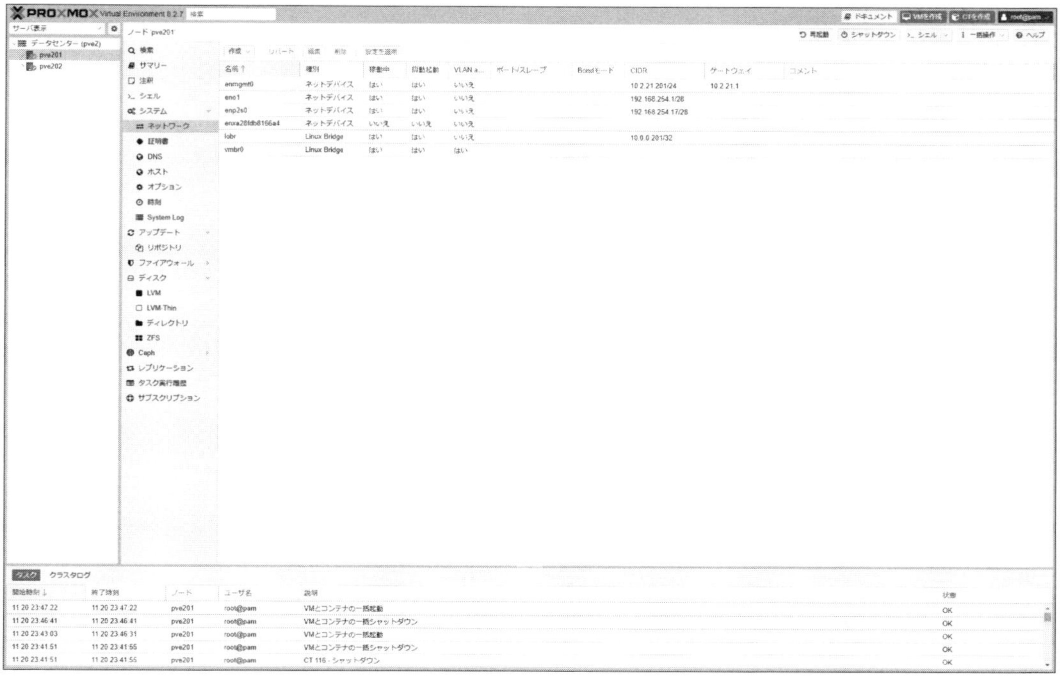

## 6-1-6

# ネットワークの冗長化

　ボンディング（Bonding：NICチーミングやリンクアグリゲーション［Link Aggregation］）は、複数のNICを1つのネットワークデバイスのように見せることで冗長化や帯域幅増強を実現する仕組みです。

　高速なネットワークポートは高価なことがあり、安価なポートを複数束ねることで帯域を確保しイーサネット接続を維持する帯域または冗長性を確保することができます。

　ボンディングで利用可能な冗長化方式には7種類あります（表6-2）。エンタープライズレベルで可用性を必須とする場合、LACP（Link Aggregation Control Protocol：IEEE 802.3ad）がL2冗長化には最適だと考えられています。

　LACPではリンクダウンが発生しない障害についてもパケットを転送して状態を監視しているため、通信できない状態となれば自動的にリンクから外れ、残りの接続で通信を継続することが可能です。

**表6-2:ボンディングで利用可能な冗長化方式**

|  | 接続先スイッチの設定 | 送信負荷分散 | 受信負荷分散 |
|---|---|---|---|
| balance-rr | Static Etherchannel | ラウンドロビン | すべての Slave で受信 |
| active-backup | 不要 | Active Slave から送信 | Active Slave で受信 |
| balance-xor | Static Etherchannel | 送信元／先 MAC アドレスのハッシュ | すべての Slave で受信 |
| broadcast | Static Etherchannel | すべての Slave から送信 | すべての Slave で受信 |
| 802.3ad | Dynamic Etherchannel (LACP) | 送信元／先 MAC アドレスのハッシュ | すべての Slave で受信 |
| balance-tlb | 不要 | 負荷に応じて Slave を選択して送信 | Active Slave で受信 |
| balance-alb | 不要 | 負荷に応じて Slave を選択して送信 | ARP ネゴシエーションで負荷分散 |

　構成する上での難点を挙げるとすれば、MLAG（Multi-chassis Link Aggregation）に対応しているスイッチを使用しなければ、スイッチハードウェアを冗長化した状態で運用することが難しいという点と、スイッチの保守対応の際にファームウェアアップデートが必要な場合などで適切に接続が維持されるかはベンダー依存となることが多いという点です。また、同一製品でなければならないなど制限があることが多いため、LACPを利用する場合はサービスイン前に時間をかけて障害試験を実施することを推奨します。

　図6-3のようなケースでeno1とeno2をbond0のメンバーとしてLACPを指定し、レイヤー2／3（layer2+3）のハッシュアルゴリズムで設定してみます。

**図6-3:LACPを指定したネットワーク構成例**

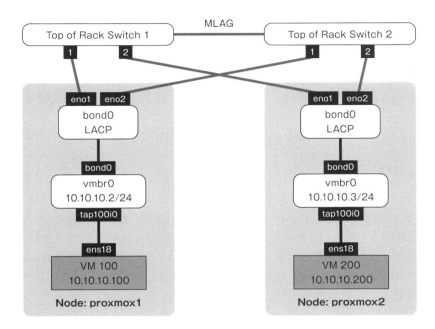

　この場合、下記のように設定できます。Web管理ツールへアクセスするIPアドレスもこれで冗長化した状態となります。

```
# nano /etc/network/interfaces

auto lo
iface lo inet loopback

iface eno1 inet manual

iface eno2 inet manual

auto bond0
iface bond0 inet manual
      bond-slaves eno1 eno2
      bond-miimon 100
      bond-mode 802.3ad
      bond-xmit-hash-policy layer2+3

auto vmbr0
```

```
iface vmbr0 inet static
        address  10.10.10.2/24
        gateway  10.10.10.1
        bridge-ports bond0
        bridge-stp off
        bridge-fd 0
```

## 6-1-7

# VLAN 802.1Q の利用

　VLAN 802.1Q(IEEE 802.1QのVirtual LAN)はレイヤー2で分割されたブロードキャスト
ドメインです。物理ネットワークを仮想的にVLAN IDの4096個まで独立のネットワークとして利
用できます。企業内では3階層ネットワーク(Access層⇒Distribution層⇒Core層)が引かれる
ことが多く、上流への物理線集約や顧客ごとのネットワーク分離を行うためにVLANが多用され
ます。Proxmox VEまでVLANを延伸することで、複数のProxmox VEを使って用途ごとにクラ
スタを作成し、Access層に所属させるなどせず、Distribution層またはCore層に集約したクラ
スタを作成して必要な部署やネットワークサブネットに仮想マシン(VM)を配置することも可能で
す。

　Traditional Bridge(従来型のブリッジ)とVLAN aware(VLAN対応)の違いは大きくは
設定の簡素化にあります。

　Traditional Bridgeでは各VLANを設定する場合、たとえばVLAN 20のブリッジを作成す
る際には`vmbr0v20`と設定します。そのため、多数のVLANを用意する場合、VLANの数だけブ
リッジを作成する必要があり、設定・管理が煩雑になります。

　VLAN awareでは、個別にVLANを設定したブリッジは必要なく、1つのブリッジで指定した
VLANをトランク(Trunk)設定することができるため、効率的な管理が可能になります。この場
合、仮想マシンのNIC単位で接続するVLAN IDを指定します。

　Proxmox VEはDebianベースであることからもLinuxブリッジをTrunkとして設定し、ToR
(Top of Rack)スイッチと接続することで、仮想マシン起動時に希望のVLAN IDを割り当てる
ことができます。これにはLinuxで利用できる方法とOpen vSwitchを利用する方法があります
が、前述のとおりDebianをベースに構築されていることに加えて、今後SDN機能と統合される際
にはLinuxブリッジの方法で設定することになりそうなので、こちらの方法を紹介します。この方法
は公式ガイドに丁寧に記載されているため、他のLinuxで設定したことがある場合は迷わずに構
築できると思います。

　eno1でVLAN Trunkを受ける場合は下記のように設定し、対向スイッチでもTrunkを設定
できていれば、仮想マシン作成時にアクセスしたいVLAN IDを設定することで該当VLANへアク

セスできるようになります。この説明の場合、Proxmox VEホストはLinuxブリッジにVLAN awareを設定すると、自動的にVLAN ID 2-4094のVLANを受け入れます。Proxmox VE 8.3以降ではブリッジ作成時にトランクするVLAN IDを指定することが可能になっています。

```
# nano /etc/network/interfaces

auto lo
iface lo inet loopback
iface eno1 inet manual

auto vmbr0
iface vmbr0 inet manual
        bridge-ports eno1
        bridge-stp off
        bridge-fd 0
        bridge-vlan-aware yes
        bridge-vids 2-4094
```

仮想マシン側では［ブリッジ］でvmbr0を選択し［VLANタグ］に希望のVLANタグを設定します。これにより、仮想マシンはVLANタグが解除され、ネイティブで対象のVLANネットワークへアクセスできるようになります（図6-4）。

**図6-4:［ブリッジ］と［VLANタグ］の設定**

The Practical Guide to Server Virtualization for Proxmox VE    CHAPTER 6

# 6-2 シンプルなネットワーク構成

Proxmox VEでは、シンプルなネットワーク構成として、以下の3つの主要な構成オプションが用意されています。これらの構成は、それぞれ異なる用途や環境に適しており、ユーザーのニーズに応じて選択することができます。

- 既設のネットワークにブリッジ経由で直接接続
  これは最も基本的な設定で、多くの一般的な使用シナリオに適しています。vmbr0は仮想ブリッジインターフェースとして機能し、物理ネットワークインターフェースと仮想マシンを橋渡しします。

- 既設のネットワークにルーティング経由で接続
  この構成は、特にクラウド環境や特定のネットワーク要件がある場合に有用です。Proxy ARPを使用することで、単一の物理インターフェースを通じて複数のIPアドレスを効率的に管理できます。

- 既設のネットワークにNATで接続
  NAT(Network Address Translation)を利用するこの方法は、内部ネットワークと外部ネットワークを分離したい場合や、限られた数のパブリックIPアドレスで多数の仮想マシンを運用する場合に適しています。

これらの構成オプションについて、以下の各項でより詳細に説明していきます。各構成には独自の利点と課題があり、実際の運用環境で使用する際には慎重な検討が必要です。特に、設定変更やネットワークの構成変更を行う際には、予期せぬ問題が発生する可能性があるため、十分な注意が必要です。したがって、本節では上記の構成オプションを技術的な知識として紹介しますが、実際の環境で採用する際には十分な検証と慎重な計画が不可欠です。また、設定変更を行う際は、必ずバックアップを取り、緊急時のアクセス手段(IPMIなど)を確保しておくことを強くお勧めします。

### 6-2-1
## 既設のネットワークにブリッジ経由で直接接続

ここで取り上げるのは、Proxmox VEをインストールした直後の構成です。この構成の良いとこ

128

ろは、L2ネットワークがインストール直後で構成されているため、ネットワークの変更をしなくとも
Web管理ツールやSSHでアクセスできることです。ルーター配下のL2スイッチに接続する小規模
構成で始める際に適した構成です。接続先スイッチも特別な設定は必要なく、接続することができ
るはずです。

**図6-5：既設のネットワークにブリッジ経由で直接接続する例**

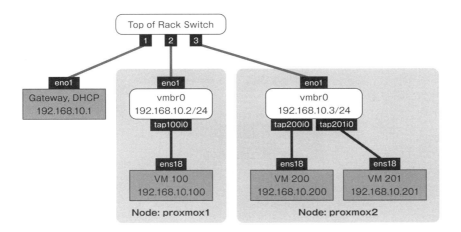

インストール時に設定したネットワークインターフェース（例では`eno1`）が`vmbr0`に所属するた
め、管理ネットワークのIPアドレスも`vmbr0`に割り当てられます。Proxmox VEをインストールし
た直後の`/etc/network/interfaces`ファイルは、以下のように構成されているはずです。

```
# nano /etc/network/interfaces

auto lo
iface lo inet loopback

iface eno1 inet manual

auto vmbr0
iface vmbr0 inet static
        address 192.168.10.2/24
        gateway 192.168.10.1
        bridge-ports eno1
        bridge-stp off
        bridge-fd 0
```

## 6-2-2

# 既設のネットワークにルーティング経由で接続

　前述のデフォルト構成は、ToRスイッチから見るとMACアドレススプーフィング（MACアドレス偽装）がされているように見えるため、セキュリティ上の理由により利用できない場合があります。

　その場合、Proxy ARPを設定することで（図6-6）、単一のネットワークインターフェース（この場合はeno0）を通過するようにして、Provider Gatewayにはeno0のMACアドレスで通信することができます。

　さらに、クラウドプロバイダーなどからIPアドレスをプレフィックス（203.0.113.16/28）で貸与され、それをProxmox VE上の仮想マシンに割り当てて利用することができます。

**図6-6：既設のネットワークにルーティング経由で接続する例**

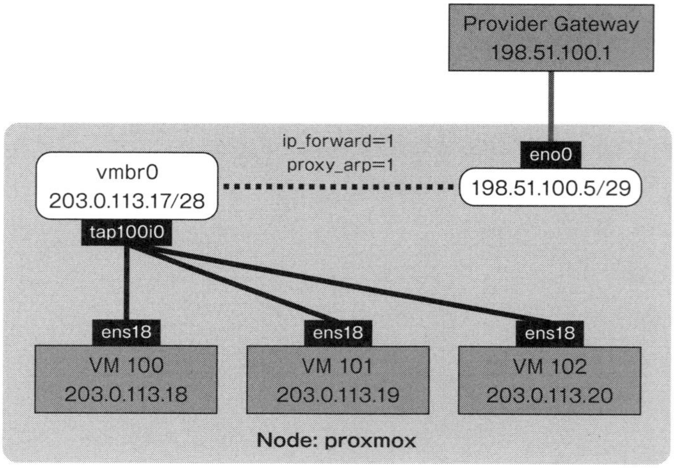

　この場合、利用する2つのIPアドレスを用意して設定します。eno0にはIP ForwardとProxy ARPを設定することで機能します。interfacesの設定ではIP ForwardとProxy ARPの設定を行っているため、eno0がリンクアップしたタイミングで設定が投入されるようになっています[1]。

- ・Public IPアドレス（例では198.51.100.5を想定）
- ・VM用のIPプレフィックス（203.0.113.16/28）

---

[1]　proxy_arpについてはインターフェース名が設定に記載されているため、6-1-5項のようにインターフェース名を変更する際には注意が必要です。

```
# nano /etc/network/interfaces

auto lo
iface lo inet loopback

auto eno0
iface eno0 inet static
        address  198.51.100.5/29
        gateway  198.51.100.1
        post-up echo 1 > /proc/sys/net/ipv4/ip_forward
        post-up echo 1 > /proc/sys/net/ipv4/conf/eno0/proxy_arp

auto vmbr0
iface vmbr0 inet static
        address  203.0.113.17/28
        bridge-ports none
        bridge-stp off
        bridge-fd 0
```

## 6-2-3

# 既設のネットワークに NAT で接続

　3つ目はNATを利用することでProxmox VEの仮想マシン／コンテナ(VM/CT)にはPublic IPアドレスを付けずに通信する方法です。iptablesを利用しマスカレードされたインターフェースから出ていきます。レスポンスもそれに応じて書き換えられて、送信元にルーティングされます。NATを利用することでProxmox VE内のネットワークを隠蔽できるため、スモールスタートの場合は重宝しますが、Proxmox VE外のネットワークからProxmox VE内のネットワークに接続するためにはポートフォワードの設定などが増えて煩雑化する可能性があるため注意が必要です。この場合の設定例は、次のとおりです。

```
# nano /etc/network/interfaces

auto lo
iface lo inet loopback

auto eno1
#real IP address
```

```
iface eno1 inet static
        address   198.51.100.5/24
        gateway   198.51.100.1


auto vmbr0
#private sub network
iface vmbr0 inet static
        address   10.10.10.1/24
        bridge-ports none
        bridge-stp off
        bridge-fd 0

        post-up    echo 1 > /proc/sys/net/ipv4/ip_forward
        post-up    iptables -t nat -A POSTROUTING -s '10.10.10.0/24' -o
eno1 -j MASQUERADE
        post-down iptables -t nat -D POSTROUTING -s '10.10.10.0/24' -o
eno1 -j MASQUERADE
```

　ファイアウォールが有効になっている場合、一部のマスカレード設定では発信接続にconntrackゾーン（接続追跡を行うための論理的な区分）が必要な場合があります。ファイアウォールはマスカレードではなくvmbr0のPOSTROUTING（ルーティング後に適用されるNATルール）を優先するため、発信接続をブロックしてしまうことがあります。その場合は、下記の設定をvmbr0に追加すれば改善します。

```
post-up    iptables -t raw -I PREROUTING -i fwbr+ -j CT --zone 1
post-down iptables -t raw -D PREROUTING -i fwbr+ -j CT --zone 1
```


# 6-3 | Proxmox VE Firewall


　Proxmox VEには、Proxmox VE Firewallが搭載されています。この中身としてiptableとebtablesを利用した強力なファイアウォール機能が提供されます。クラスタを構成している場合は［データセンター］ですべてのProxmox VEのファイアウォール設定を一元的に管理でき、利便性が向上します。

Proxmox VE Firewallの動作は各Proxmox VEホストが実行するため、クラスタリング環境では分散ファイアウォールとして機能します。ファイアウォールの処理が仮想マシンが動作する各ノードで分散することで、仮想マシンとしてルーターを作成しブリッジで仮想マシンを接続する場合と比べて、パフォーマンスが良くなります。管理面でも［IPSet］、［セキュリティグループ］（Security Group）を利用すると、テンプレートのように設定できて、同じような設定を複数行う場合には手間が省けます。

ここまでProxmox VE Firewall機能を紹介しましたが、Proxmox VEインストール直後の状態では［データセンター］レベルで無効に設定されています。ホスティングサービスなどで直接インターネットに公開されるような環境で使う場合は有効化して、普段アクセスするIPアドレスのみからのアクセスを許可したい、あるいはゲストOS内でのファイアウォールの有効化が難しいような環境でよりセキュリティを強化したいといった場合に利用するとよいでしょう。

Proxmox VE Firewallを有効化するとデフォルトで許可されるのはWeb管理ツール（8006/tcp）とSSH（22/tcp）のみになります。そのため、IPSetにWeb管理ツールとSSHでアクセスするIPアドレスをまとめ、Security Groupで許可セットを作成しCluster Firewallに適用することで設定を簡素化できます。以下では、順番に各項目の設定内容を紹介します。

## 6-3-1
### IPSet サブネットをグループ化

IPSetはIPアドレスまたはCIDRのグループを［データセンター］レベルで定義できます。グループにはIPv4とIPv6が定義でき、ルール定義で利用できます。用途ごとにIPSetを作成しておき、ルール定義では個別のIP/CIDRを記述しないことで更新／削除の手間を簡素化できます。

**図6-7:IPSetの定義**

## 6-3-2
# ルールとセキュリティグループの利用

　ルール（Rule）は下記の4つの場所で定義できます。それぞれの場所で個別に定義することでスコープを絞った定義も可能です。各スコープごとに定義すると管理が煩雑になったり見通しが悪くなったりするため、近年のクラウドサービスのようにSecurity Groupとしてまとめて［データセンター］に定義しデータセンター／各ホスト／仮想マシン／CTの［ファイアウォール］欄にある［挿入：セキュリティグループ］で定義済みのセキュリティグループを挿入できます（図6-8）。

- Cluster Firewall
- Host Firewall
- VM/CT Firewall
- Security Group

**図6-8:Proxmox VE Firewallのコンポーネント**

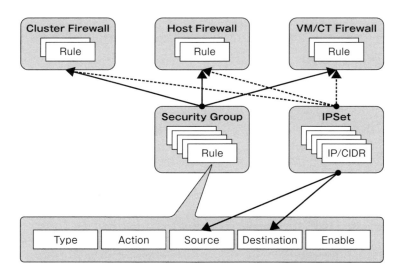

　定義できる内容は、一般的なファイアウォールでの設定と同様です。前述のIPSetは各ルール定義のSource/Destinationで利用可能です。図6-9に示したのは`mgmtipset`という名前のIPSetを［ソース］（Source）に当てる場合の例です。より詳細にポートやプロトコルを指定したり、定義済みのマクロを使ったりすることで複数のポートやプロトコルを容易に管理することができます。

図6-9:IPSetを[ソース]に当てる例

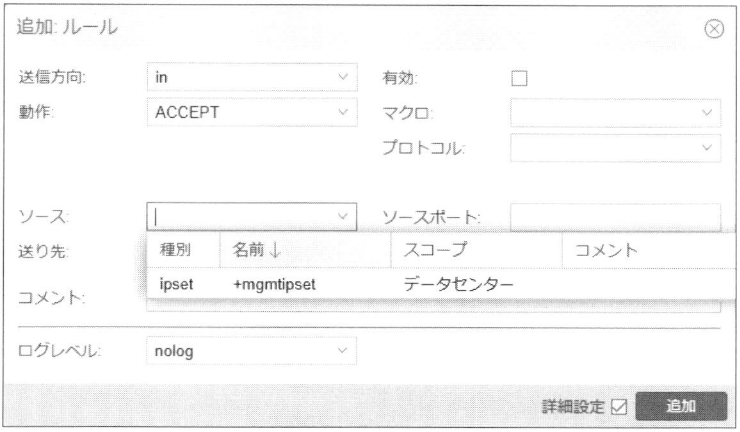

## 6-3-3
# ファイアウォールの有効化／無効化

　最後に、ファイアウォールの有効化とルール適用を取り上げます。実際にこの作業を行うとWeb管理ツールへのアクセス経路を失う可能性があります。ファイアウォール機能はステートフルファイアウォールとして機能するので、新規セッション作成時に評価されます。そのため、事前にSSHで接続しておくことで、設定変更後にWeb管理ツールへのアクセスが不能になった場合でもSSHから`pve-firewall stop`を実行することでファイアウォール機能を無効化しWeb管理ツールへのアクセスを回復させることができます。

　Web管理ツールでは[データセンター]→[ファイアウォール]→[オプション]にある[ファイアウォール]の項目のチェックに応じて有効化／無効化できます(図6-10)。

図6-10:Web管理ツールでのファイアウォールの有効化／無効化

# 6-4 | SDNの概要

ソフトウェア定義ネットワーク（SDN：Software-Defined Networking）は、ネットワーク管理と構成をソフトウェアで抽象化する新しいアプローチであり、従来のハードウェア中心のネットワーク構成とは大きく異なります。SDNの最大の特徴は、ネットワークの制御プレーンとデータプレーンを分離し、ソフトウェアによってネットワークの動作を動的に制御できる点です。これにより、ネットワーク管理者は柔軟性と効率性を大幅に向上させることができます。

SDNのメリットの1つは、その柔軟性とスケーラビリティです。ネットワークの構成をソフトウェアで迅速に変更できるため、急速に変化するネットワークへの要望に容易に対応できるようになります。また、SDNは専用ハードウェアに依存しないため、汎用ハードウェアを使用することでコストを削減できます。

Proxmox VE 8.1では、SDN機能が追加されました。Proxmox VEのSDN機能は2019年頃に実験的な機能として利用可能になり、日々コミュニティで改善を続け、主要な機能目標が達成されたことでProxmox VE 8.1でリリースされました。Proxmox VE 8.2時点ではSDN CoreとVNet（Virtual Network）の機能がサポートされ、そのほかのControllers、IPAM（IP Address Management）、DNS、DHCP機能はテクノロジープレビューとなっています。そのため、FRRouting（Free Range Routing）を利用する高度なルーティング設定はプレビュー機能として位置づけられています。

Proxmox VE 8.2のSDN機能は執筆時点でプレビューの段階にあるため、今後拡張される可能性がありますが、図6-11に示した要素で構成されています。以下、それぞれの要素を解説します。

図6-11:SDN機能の構成要素

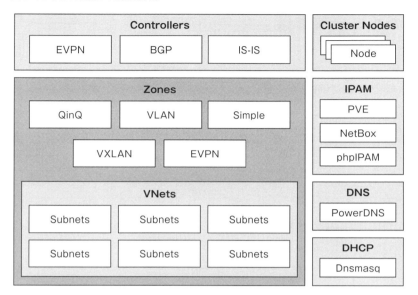

　Zone（ゾーン）は分離されたネットワークを作成できます。5種類のネットワークに対応し、最初に作成するのがこのZoneです。Zoneには共通してProxmox VEホスト、IPAM、DNS、Reverse DNS、DNS Zoneを紐づけることが可能です。

　共通の仕様としてZone名は「最大半角英数8文字」となっているため、命名が長くなる場合は略称の検討が必要です。MTUの設定はZoneごとに可能でVNetに継承されるので、VM/CTで利用するために複数設定する場合はMTUの設定忘れを防止できるメリットがあります。

　VNet/Subnetは各Zoneのネットワークを定義できます。これを利用してサブネットを定義することで、ネットワークインターフェースで設定されるIPアドレスを宣言できます。

　Controllerは、ダイナミックルーティングを利用して外部のネットワークと経路交換するために利用できます。現在はBGP（Border Gateway Protocol）とIS-ISのプロトコルに対応しています。用途としてはToRと経路を交換することで、Proxmox VE上のVM/CTと外部ネットワークが通信するように構成できます。EVPN（Ethernet VPN）ZoneにはEVPN Controllerが必要です。実際のところ、Proxmox VEのネットワークプラグインにより、FRRoutingの設定ファイル/etc/frr/frr.confがSDN画面の設定に基づいて自動生成されて新たな設定で上書きされます。既存の設定の上書きを回避したい場合は/etc/frr/frr.conf.localに記載します。これでSDNプラグイン側で設定がマージされてfrr.confに反映されます。

The Practical Guide to Server Virtualization for Proxmox VE | CHAPTER 6

## 6-4-1

# SDN を利用するための事前準備

SDN CoreはProxmox VE 8.1以降で標準インストールされますが、それ以前から利用している環境やアップグレードして利用してきた環境ではインストールが必要です。第2章で解説したライセンスとパッケージアップデートの内容を参考に、aptでパッケージをダウンロードできるようにしてあれば、下記のコマンドでインストールできます。SDNを利用するすべてのノードでインストールが必要なので忘れずに実施してください[2]。

```
# apt update
# apt install libpve-network-perl
```

Proxmox VEをアップグレードして利用する場合は、さらに/etc/network/interfacesの末尾に下記の行を追加する必要があります。SDN構成は/etc/network/interfaces.d/配下に保存されるため、それを自動で読み込ませるために下記の追加が必要になります。

```
# nano /etc/network/interfaces

source /etc/network/interfaces.d/*
```

Proxmox VEに統合されたDHCP機能は、IPAMで管理されたアドレスをDHCPでリースすることで、仮想マシンに動的にIPアドレスを設定できる仕組みを提供します。

Proxmox VE 8.2時点ではDHCP機能はテクノロジープレビューであり、Simple Zoneのみで利用できます。SDNを他のZoneで主に利用する場合はDHCP機能のインストールは不要です。また、この機能は現在dnsmasqを利用しているため、そのインストールを下記のコマンドで個別に行う必要があります。

```
# apt update
# apt install dnsmasq
# systemctl disable --now dnsmasq ————————自動起動は不要なため停止
```

IPAMとしては現在、PVE/NetBox/phpIPAMの3種類に対応しており、デフォルトのIPAMとして利用されるPVEを使うと、配布されたIPアドレスと宛先ホストをSDN画面で確認できます。

---

[2] Proxmox VE 7.0以前のバージョンからアップデートで利用していた場合、ifupdown2もインストールが必要なので同様にインストールします。

138

**図6-12：配布されたIPアドレスと宛先ホストをSDN画面で確認**

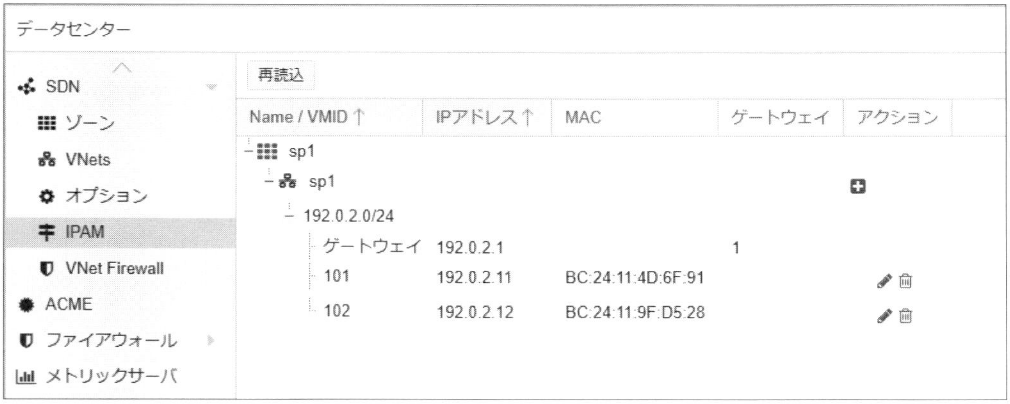

| データセンター | | | | | |
|---|---|---|---|---|---|
| **SDN** | 再読込 | | | | |
| ゾーン | Name / VMID ↑ | IPアドレス ↑ | MAC | ゲートウェイ | アクション |
| VNets | sp1 | | | | |
| オプション | sp1 | | | | ➕ |
| **IPAM** | 192.0.2.0/24 | | | | |
| VNet Firewall | ゲートウェイ | 192.0.2.1 | | 1 | |
| ACME | 101 | 192.0.2.11 | BC:24:11:4D:6F:91 | | ✏️ 🗑️ |
| ファイアウォール | 102 | 192.0.2.12 | BC:24:11:9F:D5:28 | | ✏️ 🗑️ |
| メトリックサーバ | | | | | |

## 6-4-2

# FRRouting を利用したルーティング

　FRRouting(Free Range Routing)は、近年人気を集めているオープンソースのルーティングソフトウェアです。対応するルーティングプロトコルの広さだけでなく、コミュニティや開発活動が非常に活発であることも、その人気の理由の1つです。FRRoutingは、もともとルーティングソフトウェアパッケージのQuaggaからフォークされたプロジェクトであり、その人気は現在でも続いています。

　FRRoutingが人気を集める最大の理由のうちの1つはさまざまなプラットフォームで利用できる点、もう1つは設定ファイルがCisco製品互換となっていて学習コストが低い点です。さらに、動作を検証したい場合には従来では物理機器を用意することから始まり、スピーディーな検証とならなかったケースが多いと思います。FRRoutingは仮想マシンやDockerを利用して手軽に環境を作成し、テストすることができます。この柔軟性により、自動化ツールと組み合わせてネットワークの設定変更を自動化する試みにも非常に適しています。

　これらの特長により、FRRoutingは多くのネットワークエンジニアやシステム管理者に支持され、オープンソースのルーティングソフトウェアとしての地位を確立しています。

　Proxmox VEのSDNルーティング部分は前述したとおり、この強力なFRRoutingを利用しており、ユーザーがSDN機能のWeb管理ツールで入力した設定項目をもとに自動で設定が投入されます。これにより、CLIを使わずとも簡単に利用を開始できます。

　Controllersを利用する場合は、次のようなコマンドにより、全ノードでFRRoutingのインストールを済ませる必要があります。

```
# apt update
# apt install frr-pythontools
```

# 6-5 SDN設定

Web管理ツールのSDNの設定は、[データセンター]→[SDN]に存在するSDN機能のトップレベル設定エリアにあります。配下のリソースに変更を加えた場合、この画面の[適用]をクリックすることでクラスタ全体に反映されます。そのため、設定が反映されていない場合は確認してみるとよいでしょう。設定が反映されて機能していれば、図6-13のように「available」と表記されます。

**図6-13：Web管理ツールの[SDN]の画面**

## 6-5-1
### ブリッジを利用した Simple Zone

Simple Zoneでは独立したブリッジインターフェースを提供します。Proxmox VE 8.2で唯一統合されたDHCPを利用できます。Simple Zoneの作成だけではブリッジは作成されないので、VNetを作成しサブネットのゲートウェイを設定します。図6-14はサブネットのゲートウェイに「192.0.2.1/24」を設定した例です。

SNAT(Source NAT)の設定を実施した場合はiptables形式で追加されます。この場合、Gateway IPはSimple Zoneの設定を生成したときに`ip route get`コマンドでインターネットに疎通できるルートを使用するようになっているので、管理ネットワークのゲートウェイからインターネットに疎通します。

**図6-14:ブリッジを利用したSimple Zone**

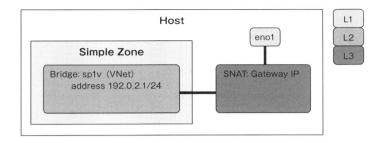

## 6-5-2
## VLAN を利用した Zone

　VLAN Zoneは、通常のvmbr0でTrunkを扱う方法と同じように収容します。ただし、SDN機能で各ノードに展開されるため、従来では各ホストに個別に用意していたネットワークインターフェースの設定が不要になります。Zoneで展開するホストを選択し、VNetでVLAN IDを指定します。

　Proxmox VE 8.2では、ブリッジネットワークの分離のためにvethが利用されます。執筆時点では、このvethの設定ではMTUを引き継がないため、vmbr0でMTU 9000などのジャンボフレームを設定してもSDNで作成されるインターフェースに反映されないので注意が必要です。

**図6-15:VLAN Zoneを設定したネットワーク構成例**

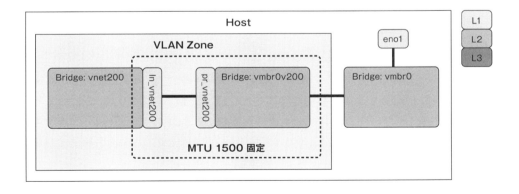

## 6-5-3
## QinQ を利用した Zone

　QinQ Zoneでは、QinQ（IEEE 802.1ad：VLANタグを二重に付加）とVLAN（IEEE 802.1Q）のどちらかをVLANプロトコルとして選択して設定することが可能です。この方法はよく使われますが、VLAN Zoneよりは他のネットワークから影響を受けずに利用できそうです。「vmbr0」で受けたQinQは、Service VLANにより「vmbr0.200」（例ではVLAN 200）で分離されます。「z_zq1」はZoneで作成したインターフェースです。VNetにVLAN 250を割り当てる場合は「z_zq1.250」を接続することでアクセスを確保しています。

**図6-16：QinQを利用したネットワーク構成例**

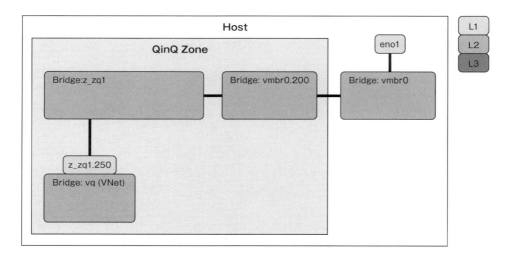

## 6-5-4
## VXLAN/EVPN を利用した Zone

　VXLAN（Virtual eXtensible Local Area Network）を利用してクラスタ間のオーバーレイネットワークを構築します。設定値については標準的なものになるのでここでは省略します。

　後述しますが、EVPN（BGP EVPN）はVXLANの管理をMP-BGPのプロトコルで実施するため、管理の手間が減り、使いやすいものになっています。個人的には筆者はこれから構築するなら検討するべきネットワーク構成ではないかと考えています。

　まずControllerをEVPNのタイプで作成し、その後でEVPN Zoneを作成します。このとき「VRF-VXLAN Tag: 2000」として、L3-VNIが作成されます。VNetの作成では「Tag 3000」とした場合、これを利用するL2-VNIが作成され、サブネットを「192.0.2.0/24」とし、ゲートウェイを「192.0.2.1/24」とすると、図6-17のようなネットワーク構成になります。

**図6-17:VXLAN/EVPNを利用したネットワーク構成例**

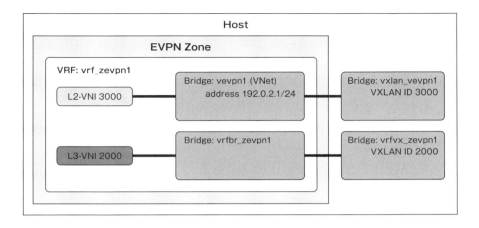

# 6-6 一般的なネットワークの構成例

　本章のまとめとして、実際に構築されうるネットワークパターンを3つ紹介します。ネットワークの構成要素と考慮事項は通常、本当に多くなってしまうので、今回例示した構成が必ず良いということはなく、構成機器や用途によってベストな構成は変わります。筆者が、構成を考えるときに考慮している点も交えて解説するので参考になりましたら幸いです。

## 6-6-1
### 検証構成

　「やってみないとわからん」というのはよく耳にするかと思いますが、Proxmox VEは仮想化基盤というだけあって奥が深いです。ネットワーク構成手法でもオープンソースのソフトウェアを全面的に活用することになるため、組み合わせによっては動作が違うことがあります。当然のことですが、Debian側で変更が発生してアップデート作業を行ったら、設定が変わって挙動が変わることもあります。アップデート試験や検証目的の環境を本番同等に作成できれば間違いなくよいのですが、現実には維持費や予算の都合もあって難しいため、ここではクラスタリング要件の3台を用意します。共有ストレージは別途用意することも考えられますが、Proxmox VEではCephを利用したSDS(Software-Defined Storage)を利用できます。これを利用して各ノードのNVMe

M.2ストレージをCeph OSDとして利用する構成を考えてみます。今風に言えばHCI（Hyper-Converged Infrastructure）構成です。

前提として、後ほど紹介する3階層（3Tier）構成のネットワークを小規模化し、MC-LAG（Multi-Chassis Link Aggregation Group）を利用したLACPを構成内に取り込んでいます。ルーターやネットワーク管理用スイッチ（mgmtスイッチ）は1台とすることで機材を用意する手間を減らしています。MC-LAGについてはスイッチのファームウェアバージョンや設定などで正しく縮退しないなどの問題が発生する可能性があるため、あえて検証目的で取り入れています。十分な検証と帯域が用意できる場合はSW-2を廃止し、すべてSW-1でまかなうことも可能です。この場合はMC-LAGに対応している必要はなく、LACPに対応していればよいので、導入コストは安くなります。

図6-18のネットワークはレイヤー2構成とします。それぞれのネットワーク間はVLAN Trunkで流れる構成となっており、SW-1とSW-2の間はMC-LAGなどの冗長化機能を利用し、論理的にSW-1、SW-2を1台に見せることで物理障害を回避します。そのため、リンクはLACPで構成され、bond0の詳細を確認すると、2倍の帯域幅となるように設定できます。

**図6-18:レイヤー2構成を取るネットワークパターン**

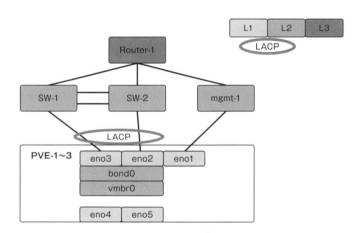

mgmt-1は管理スイッチです。この例の構成ではオンボードインターフェースを設定することにしています。管理スイッチはVLAN設定にしてもよいのですが、アクセスポートとしておくのがベストです。対向機器側でIPアドレスを設定すれば管理ネットワーク内の機器からアクセスできるのが理想と考えています。PVEでは、eno1にVLANの設定を行って接続させる方法もありますが、管理ネットワークで最後の砦になる可能性があるため、シンプルに設定したほうがよいと考えています。検証目的の環境を構築しているため、管理スイッチの物理冗長化は実施していません。手段としてはバックアップ経路としてvmbr0にIPアドレスを割り振り、クラスタバックアップ経路に設定することで、簡易的にバックアップ経路とすることが可能です。

eno4とeno5ではCeph Cluster Networkを構築します。SW-1とSW-2に接続してネット

ワークで構成することも可能ですが、広帯域(10GbE以上が推奨)のポートを用意する必要がありコストがかさむため、今回はPeer to Peerで作成します。PVEが3台より多い場合は図6-19に示した構成が取れないため、Ceph Cluster Network用の専用スイッチを用意することになります。3台で2ポートずつあれば図6-20のように構築できるため、3台構成ならばコスト効率が良いということになります。

**図6-19:PVEが3台以上の場合のCeph Cluster Networkの構成**

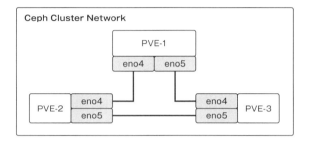

**図6-20:PVEが3台以上の場合のネットワーク構成例**

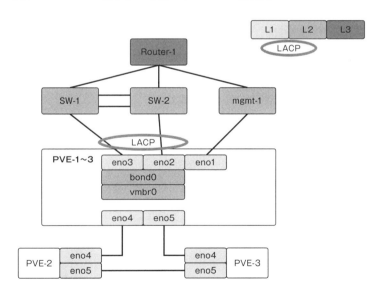

　ネットワーク構成の方法は公式ガイドにいくつか記載があるので、参考にされることをお勧めします。注意事項としてFRRoutingを利用する構成はSDN機能と競合して崩壊する場合があります。SDN機能を利用する場合は`/etc/frr/frr.conf.local`に記載することで共存できますが、調整が必要なために動作確認を行うことを推奨します。

●参考URL：「Full Mesh Network for Ceph Server - Proxmox VE」
https://pve.proxmox.com/wiki/Full_Mesh_Network_for_Ceph_Server

　本構成のデメリットは、MC-LAGとCephのネットワークを構成するために、クラスタ3台をPeer
to Peerフルメッシュで構成していることです。利用時は非常に効率が良い構成ですが、スケール
アウトさせたい場合にはどうしてもCeph用のスイッチを新設して構成を大きく変更する必要があ
ります。

　MC-LAGについては2台を同じメーカーで揃える必要があること、そのために追加コストがかか
ることが挙げられます。また、筆者の個人的な感覚では、「障害発生時に正しく切り替わるか」とい
う点について、製品、ファームウェア、サーバー側の設定など多数のポイントがあるため、運用保守
対応にどれぐらい工数がかかるかをテストしておく必要があります。

　本構成のメリットは、ほぼすべてのProxmox VE機能を利用できる点です。Proxmox VEの
基本的な機能のほか、仮想化基盤でライブマイグレーションなどを利用できる強力なHA（High
Availability）機能もあります。こぢんまりとした構成でオフィスの片隅に構築され、共用されるよ
うな用途では重宝すると思います。

## 6-6-2

# 3Tier 構成

　一般的に仮想化基盤と言われると思い浮かぶのがこの3Tier構成ではないでしょうか。サー
バー、ネットワーク、ストレージの3つで構成されます。この構成のメリットは必要な箇所にリソース
（ハードウェア）を追加すればスケールできる点です。

　「6-6-1 検証構成」ではHCI構成を取りました。デメリットはCeph Cluster Networkにあり
ました。ストレージを各ノードに分散配置し可用性を担保する手法であるため、スケールするには
サーバーを追加する必要があり、広帯域を必要とするCeph Cluster Networkもスケールしな
ければなりません。近年ではオールフラッシュストレージの利用も多くなり、SSD単体でもエンター
プライズ製品では2.5インチSSDで20TB程度のものが登場しています。そのため、ネットワーク帯
域幅も日々進歩しており、PCI Express Gen4 x8（16Gbits/s x8）では、128Gbps程度の速
度が出るようになってきています。もちろんこの速度を超えるネットワークがすぐに必要というわけ
ではありませんが、拡張を計画している場合はすぐには必要ない余剰な広帯域インターフェース
を備えたスイッチを購入するなどして予算を圧迫する可能性があります。

　ここでは、これまでの検証構成からRouter-2とmgmt-2を追加しました（図6-21）。本章で管
理ネットワークの重要性を挙げていたため、管理ネットワークの冗長化を行い、仮想マシン基盤
の上流への経路も冗長化しました。後ほど説明しますが、PCI Expressカードとして複数のネット
ワークカードを差している状態を想定しているため、NIC名が「enp1np0」、「enp2np0」とバラ
けていますが、これはあえてそうしています。管理ネットワークは理想としては2つのサブネットを用

意し、「eno1」と「eno2」のようにそれぞれに付けることでクラスタネットワークのringを拡張できます。この形式を推奨しますが、技術的制約がある場合はbondのactive-backupを利用する方法もあります。

**図6-21：Router-2とmgmt-2を追加したネットワーク構成例**

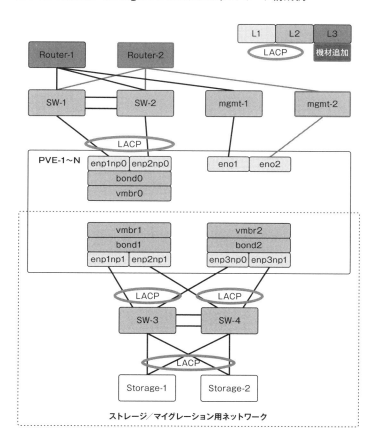

　この項では3Tier構成とするため、ストレージ用ネットワークを新設する必要があります。新たにSW-3、SW-4を増設しbond1、bond2を構成しました。bond1はストレージネットワークとして利用します。ライブマイグレーションは運用を想定して自動で行うようにするか、トラブル発生時に迅速に別ノードへ仮想マシンを移動する手段として利用します。2×25GbEで計算したところ、512GBのメモリ領域を転送するのに80秒ほどかかることがわかります。実際にはこれより時間がかかるため、ライブマイグレーションにストレージネットワークを利用すると転送が完了するまで帯域幅を占有してしまうことで、仮想マシンに影響が及ぶ可能性があります。そのため、bond2をラ

147

イブマイグレーション専用ネットワークとして構成することを推奨します。

スイッチといった機器などの収容制約がある場合は、bond1に統合してしまい、［データセンター］→［オプション］→［帯域制限値］でマイグレーションに利用する転送帯域幅をある程度制限することが可能です。

PCI Expressカードのネットワークインターフェースを複数利用しLACPを組むことでPCI Expressカード障害を回避するように配置しています。物理配線は面倒ですが（図6-22）、この対応は重要です。筆者の経験では当時、別々の型番でカード全体での接続不良に数回遭遇し、用途ごとにPCI Expressカードを割り振っていたため、ストレージネットワークが全断し大変な苦労をしました。

**図6-22：PCI Expressカード周りの構成**

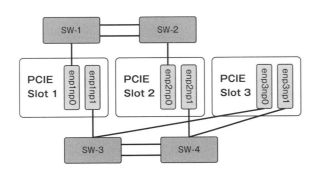

SW-3、SW-4はストレージネットワークとマイグレーションネットワークで共用していますが、マイグレーションはProxmox VEの搭載メモリが増えるとその分マイグレーションの時間がかかるようになるため、より速度の速いインターフェースに変更するなど考慮が必要になるかもしれません。図6-21の構成では、48ポートスイッチで24台程度がスケールの限界となるので、全体としてより広帯域のインターフェースに変更し、スイッチを併用するか広帯域のスイッチを別途接続することになると思われます。

# 6-7 SDNを利用した構成例

実際に構築されるネットワークパターンの3つ目として、本節では、SDNを利用した構成につい

てProxmox VEでの対応状況や各項目の設定例を含めて紹介します。

## 6-7-1

# SDN が活用される背景と Proxmox VE での対応状況

　近年では、パブリッククラウドの普及により、耐障害性を考慮し複数データセンターにまたがったネットワークの需要が増えていると筆者は感じています。ユーザーがパブリッククラウドを利用することで、障害発生時でも事業やサービスを中断することなく継続できる設計を学習し実践していることが大きく影響しており、パブリッククラウドまで利用していない利用者でも東京と大阪に基幹システムを持つか、DR（Disaster Recovery）サイトを持つことは一般的になってきました。

　オンプレミスで一番に検討されるのはL2（レイヤー2）延伸です。データセンター間を専用線で閉域網接続します。光ファイバの普及により比較的低遅延で接続が可能になり、利用されるケースも多いのではないでしょうか。ですが、専用線は利用の仕方によっては1つのサブネットで占有してしまったり、L2を延伸するということはブロードキャストドメインが分離できず、対向のデータセンターまで届いてしまい、ブロードキャストストーム発生時には大変困ることになります。また、MACアドレスの学習上限もあるため、大規模なL2ネットワーク延伸は避けられるネットワーク構成となっています。

　そこで、採用が進んでいるのがVXLANやEVPN-VXLANです。VXLAN（Virtual eXtensible Local Area Network）は、ネットワークの拡張性を向上させるために設計されたL3トンネリング技術です。従来のVLAN IDとしては4094個の識別子を使えましたが、VXLANは24ビットの識別子（VNI）を使用することで、約1600万個の論理ネットワークをサポートします。

　しかし、VXLANにはいくつかの課題があります。たとえば、VXLANはL2のトラフィックをL3ネットワーク上でカプセル化するため、フラッディングやマルチキャストの問題が発生することがあります。また、VXLAN自体には制御プレーンがなく、MACアドレスの学習やトンネルの設定が手動で行われることが多く、運用負荷が高くなります。

　これらの課題を克服するために、EVPN（Ethernet VPN）と組み合わせて使用するのが一般的です。EVPNは、BGPを使用してVXLANの制御プレーンを提供し、MACアドレスやIPアドレスの情報を効率的に伝播させることができます。これにより、VXLANのフラッディングやマルチキャストの問題が軽減され、ネットワークの拡張性と効率が向上します。

　EVPN-VXLANのメリットとしては、まずネットワークの自動化と運用効率の向上が挙げられます。EVPNによる動的なMACアドレス学習とトンネル設定により、手動設定の手間が大幅に削減されます。また、EVPNはマルチテナンシーをサポートしており、異なるテナント間でのトラフィックの分離が容易になります。さらに、EVPNは冗長性と耐障害性を提供し、ネットワークの信頼性を向上させます。

　デメリットはProxmox VE 8.2時点ではFRRoutingを利用するため、この機能が開発中のプレビュー段階にある点です。筆者の環境でも設定によってはうまく稼働できず、同じ設定でも挙動

が安定しない状態を確認しています。その場合は面倒ですが、ノードを再起動することや、Proxmox VEを再インストールし再度調整するのが近道かと筆者は考えています。プロダクション環境に導入される場合はしっかりとした適切な検証環境を構築し動作確認した設定を投入することと、設定が比較できる仕組みが必要になるかと思います。筆者の場合は「/etc/pve」以下や「/etc/network」以下を保存しファイルで比較できるようにしてトラブルシューティングを行う必要がありました。これについては、Proxmox Bugzillaを参照すると同様の事象が報告されている可能性があります。

●参考URL：「Proxmox Bugzilla」
https://bugzilla.proxmox.com

　今後、SDNの具体的な構成が公式に掲載されるのか、プレビュー状態のためにどのように変更されるのかは正直わかっていません。そのため、ここでは設定の内容よりも構成方法や筆者が構築するときに考慮している点を紹介します。参考になりましたら幸いです。

## 6-7-2

# ルーティングと MTU

　Proxmox VEではデフォルト構成では特にルーティング設定はなく、vmbr0に管理ネットワークが接続され、すぐに利用できる状態となります。そのため、デフォルトゲートウェイは管理ネットワークのデフォルトゲートウェイであり、Linuxのルーティング的には静的（Static）な状態で設定されています。

　EVPN ZoneでExit Nodeを設定した場合、デフォルトゲートウェイは管理ネットワークへルーティングされます。仮想マシンの通信は管理ネットワークではなく、テナント用のネットワークを切り、ルーティングされるべきです。SDN Controller機能でBGP、IS-ISのどちらかを構成し、目的の外部ネットワークとダイナミックルーティングするのがよいと考えます。そのときは管理ネットワークのデフォルトゲートウェイを削除するか、メトリック（metric）を付けてダイナミックルーティングの経路が優先されるように設定すると便利に利用できるかと思います。もちろん管理ネットワークにデフォルトゲートウェイを設定しない場合は、管理ネットワーク内に踏み台サーバーを配置するなどして、アクセス手段を用意することをお勧めします。

　Proxmox VE 8.2では現在、EVPNを利用した場合のprefix-listやroute-mapを使い、広報する経路を制限する設定はされていません。そのため、Proxmox VEで「redistribute connected」の経路はすべて直上スイッチへ広報されます。筆者の経験では、たまたま検証環境外サブネットを指定したところ、サブネットがかぶってブラックホールルートとなってしまい、焦って直したことがありました。Proxmox VEのサブネット画面ではアドレス範囲を事前に制約すること

ができないため、接続スイッチで適切なフィルタを設定することをお勧めします。

　MTU（Maximum Transmission Unit）はEVPNを利用する場合、VXLANトンネルが形成されます。ジャンボフレームに対応している場合はトンネリングオーバーヘッドの50byteか、802.1Qを含む場合は54byteを引いた値を設定することをお勧めします。

## 6-7-3
# ECMP を利用する場合

　ECMP（Equal Cost Multi Path）をLinuxで利用する場合、カーネルパラメータを修正する必要があります。rp_filterは、非対称経路フィルタと呼ばれるカーネルパラメータです。複数ネットワークインターフェースを利用する環境の場合、送信と受信が異なるNICから返ってくる可能性があります。そのためにrp_filterを無効にすることが推奨されています。fib_multipath_hash_policyは、ECMPのハッシュポリシーに関する設定です。デフォルト（0）ではL3 hash（送信元、宛先IPアドレス）のみを条件とします。1に設定した場合、5-tuple（送信元IP、送信元ポート、宛先IP、宛先ポート、IPプロトコルタイプ）で判定します。

　筆者の環境では、/etc/sysctl.d配下にz-sdn-evpn.confというファイルで設定を記載し、sysctl --systemコマンドで反映します。OSを再起動する方法でも可能です。ファイル名はsysctl仕様の順番で読み込まれるため、ファイル名を変更する場合は注意が必要です。

```
# nano /etc/sysctl.d/z-sdn-evpn.conf

net.ipv4.conf.default.rp_filter=0
net.ipv4.conf.all.rp_filter=0
net.ipv4.fib_multipath_hash_policy = 1
net.ipv6.fib_multipath_hash_policy = 1
```

## 6-7-4
# ノード数

　現実的に42Uの19インチラックに収容する想定の場合、1Uサーバー16台で25GbEを2枚のPCI Expressカードから4本出し、これを2台の48ポート25GbEスイッチに収容する。管理ネットワークは2本の1GbEを2台の管理スイッチに収容すると、ここまででラックは20Uが埋まります。そのほかに管理機器、パッチパネル、ToRの搭載を考えると、筆者としては16ノード程度が扱いやすいと考えています。現実には8U程度ごとにブランクを設け、ケーブルガイドや熱だまりを回避する必要があり、そうすると保守時にも重宝します。ストレージを搭載する場合は追加である程度まとまったU数が必要になるので、この程度がよいかと思われます。

151

## 6-7-5
## 構成例

EVPNを利用する場合、制御プレーンeBGPを利用したIP Closネットワークを参考にした設計になるかと思います。IP ClosネットワークではSpine-Leaf構成（SpineスイッチとLeafスイッチの2層構造）が取られます（図6-23）。ですが、Proxmox VEのクラスタリングの仕様として32台（32ノード）程度が最大になると説明しました。そのため、Spineの役目をProxmox VEと直結しているスイッチにさせ、Proxmox VEはLeafの役目をする構成とします。

**図6-23:Spine-Leaf構成**

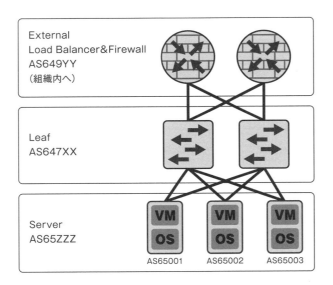

この場合、各機材にASN（Autonomous System Number）を付与します。このとき、ExternalとLeafは冗長化などで複数台用意する場合は、同一のASNを指定することをお勧めします。理由はPath huntingという動作の回避が目的です。詳しい説明は省略しますが、eBGPでは自身のASNがAS_PATHに含まれる経路を学習しないため、ループを回避します。また、対応機器であればECMP（Equal Cost Multi Path）が働き、負荷分散する設定も可能です。

プライベートASNは2-octetで1022個、4-octetは約9400万個ありますが、4-octetは製品によっては使えない場合があるため、その点を確認しておきます。割り当てのルールを決めておき、機器追加時にもそれに従うことになります。この例ではExternalにAS64901〜AS64999、LeafにAS64701〜AS64799、ServerにAS65000〜AS65534を割り当てられるようにしています。

ExternalのASNが飛んでいるのは、間にSpine、Border Leaf、Load Balancerを配置する予定で採番した名残であり、Proxmox VE 32台程度規模のスケールではそこまでリソースを利用していないため、現状は利用していません。

SDNを構築する場合のアンダーレイネットワークとオーバーレイネットワークの構成を紹介します。大まかに言えば、アンダーレイネットワークではSW-1、SW-2を経由してお互いのlobrの経路を交換し、ECMPの状態を作り、L2冗長化機能を利用しなくても経路冗長化され負荷分散されるルートを作成します。オーバーレイネットワークでは、lobrのIPアドレスを利用し、VXLANトンネルを作成します。これにより、L3ルーティング上にL2ネットワークを形成し、EVPNで各Proxmox VEに経路を交換することで、Proxmox VEをまたいだネットワークを構成します。

アンダーレイネットワークはSW-1、SW-2とeBGPピアを張る必要があるため、サブネットを分けて用意します。対応している機器ではBGP Unnumberedを利用することもできると思いますが、Proxmox VE 8.2ではまだ機能要望の状態であるために利用できません。VXLAN VTEPのトンネルアドレスはECMP対応のネットワーク機器であればloopbackにアドレスを付与し対応しますが、Proxmox VEではシェルでのみ設定できるため、またWeb管理ツールでは設定したIPアドレスが確認できないため、Linuxブリッジでlobrという名前のインターフェースを作成することで対応しました。この方法であればWeb管理ツールから設定を確認することも変更することも可能です。実際の通信はルーティングに基づいて実施されるため、パフォーマンスへの影響もなさそうに筆者は感じています。

PVE-1〜3間とSW-1〜2間は[Datacenter]→[SDN]→[Options]にある[bgp]Controllerを利用します。[ASN #]には、PVE-1の場合は「65001」を、[Peers]にはSW-1とSW-2のIPアドレス「172.17.1.254 172.17.2.254」を入力します(図6-24)。その後は[EBGP]、[bgp-multipath-as-path-relax]にはチェックを付け、[Loopback Interface]には先ほど作成した「lobr」を設定します。この設定を接続ノード分(PVE-1〜PVE-3まで)繰り返します。

**図6-24:BGPの設定**

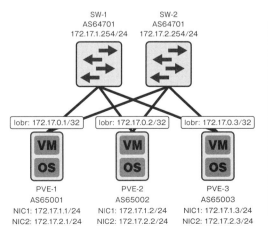

接続が確立すれば、「PVE-1」のルーティングテーブルでは下記のようにnexthopが2つ表示され、weightが同じであるためにECMPの状態となっていることを確認できます。PVE-3についても、同様に172.17.0.3のルートとして確認できるかと思います。仮に増速する必要がある場合はSW-3を増設し、各ノードと1本ずつ接続すればその分ECMPの経路が増え、増速することが可能です。FRRoutingのデフォルト構成ではECMP 64パスまで可能です。

```
root@pve-1:~# ip route
172.17.0.2 nhid 31 proto bgp src 172.17.0.1 metric 20
        nexthop via 172.17.1.2 dev eno1 weight 1
        nexthop via 172.17.2.2 dev enp2s0 weight 1
```

オーバーレイネットワークは、前述した各ノードのlobr間でVXLANトンネルを形成します。EVPNを構成するにはまず、EVPN Controllerを作成します。このとき利用するASNはノードに利用しているもの以外を指定します。この設計では「65000」を利用し、[Peers]には自ノード以外のlobrアドレスを設定します。

**図6-25:オーバーレイネットワークでのEVPN設定**

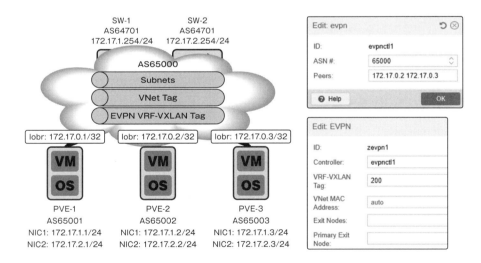

次にEVPN Zoneを作成します。[Controller]は先ほど作成したEVPNを選択し、[VRF-VXLAN Tag]はこの後で作成するVNetと重複しない番号が必要です。[Exit Nodes]はProxmox VEから外部のネットワークに出る場合に利用するノードです。これを設定すると、今回の例ではVNetのIPプレフィックスとVM/CTで利用しているIPアドレスが「/32」としてSW-1と

SW-2に広報されます。[Primary Exit Node]を設定すると、そのノードがEVPN外との通信で優先され、指定ノード外から外部ネットワークへアクセスする場合は[Primary Exit Node]を経由して通信する経路になります。

VNetでは、EVPNの場合、[Tag]には先ほどZoneで指定した[VRF-VXLAN Tag]と重複しないIDを指定します。このIDでVNetが分離されます。VNet／サブネットを作成するとEVPN Zone上に作成され、PVEノードをまたいだネットワークを作成できます。利用時はVM/CTの作成画面でVNetを選択すれば、ネットワークを利用できます。

Proxmox VE 8.2の場合、外部ネットワークとの接続では、EVPN Zone内でサブネットに設定するIPプレフィックスは重複できません。そのため、BGP ControllerでSW-1、SW-2に設定されているサブネットのIPプレフィックスと、VM/CTに設定されているIPアドレスが広報されます。VM/CTのIPアドレスは「/32」で広報されるため、SW-1、SW-2から疎通可能な状態になります。これは、EVPN Zone設定において[Exit Nodes]を設定したノードのFRRoutingでVRFがインポートされることにより実現します。そのため、アンダーレイネットワークにおいてSW-1とSW-2に張ったBGPに経路が注入され、外部にルーティング情報が広報されることで経路学習しています。

**図6-26:EVPN Zoneの設定例と設定内容の確認**

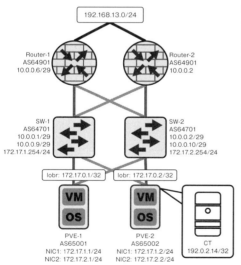

図6-26で解説すると、デフォルトルートがRouter-1とRouter-2から広報され、PVE-1で受信しています。マルチパスルートになっているため、冗長化もECMPも発揮されて結線経路をすべて活用できています。繰り返しになってしまいますが、デフォルトルートがRouter-1やRouter-2からの経路ではない場合はゲートウェイにメトリックを設定する必要があるので確認しましょう。こ

The Practical Guide to Server Virtualization for Proxmox VE          CHAPTER 6

れで、デフォルトルートはサービスネットワークから出ていくようになりました。

　次に、CTについて説明します。今回はLXCコンテナで用意しIPアドレス「192.0.2.14/24」を付与しました。図6-26に示した経路情報ではPVE-1ですが、CT自体はPVE-2で起動しています。EVPNの経路伝搬で「IPアドレス/32」の経路がEVPN Peersに広報されているため、PVE-1からはNexthop 172.17.0.2を通って到達可能とルートされています。これもlobrインターフェースでマルチパスルートとなっているため、冗長化と負荷分散が実現します。

　Router-1で経路を確認すると192.0.2.14/32の経路が確認でき、PVE-1（AS 65001）を経由しPVE-2（AS 65002）から広報されていることがAS_PATHから確認できます。Proxmox VE 8.2ではこの動作となっていますが、筆者の認識ではPVE-2から直接経路が広報され、AS_PATHは「64701 65002 i」になるべきかと考えています。そのため、接続性としては到達可能なので問題はありませんが、今後の最適化を期待したいところです。

　確認したとおり、Router-1にはProxmox VEで利用するサブネットや起動しているVM/CTの経路が広報されるため、Router-1と接続している組織内へ経路広報されてしまいます。個人的にはSWでは「/32」の経路を落とし、Routerではサブネットの経路を許可制で組織内に広報するようにしておくことをお勧めします。

第 **7** 章

The Practical Guide to Server Virtualization for Proxmox VE

# バックアップ機能の活用
## ―Proxmox VE 標準機能と Proxmox BS

本章では、Proxmox VE と Proxmox Backup Server（本書では Proxmox BS または PBS と表記）のバックアップおよびリストアについて解説します。Proxmox VE と Proxmox BS のバックアップとリストアの機能や仕組み、違いや注意点などについて解説します。これにより、システムに適したバックアップ戦略を理解することができると思います。

The Practical Guide to Server Virtualization for Proxmox VE　　　CHAPTER 7

# 7-1 | Proxmox BSの概要

　この節ではProxmox BSの概要について説明します。Proxmox VEは標準でバックアップ機能を有しています。ですが、Proxmox VEに最適化されたオープンソースのバックアップソフトウェアであるProxmox BSを利用することで、より高度なバックアップ機能が利用可能です。Proxmox BSは、Proxmox VE上の仮想マシン（VM）、コンテナ（CT）、ホストのデータを効率的かつ安全にバックアップするために設計されています。

## 7-1-1
## Proxmox VE と Proxmox BS のバックアップの比較

　Proxmox VEの標準バックアップ機能とProxmox BSのバックアップ機能には、以下のような違いがあります。

**表7-1：Proxmox VEとProxmox BSのバックアップ機能の比較**

| 項目 | Proxmox VE バックアップ | Proxmox BS バックアップ |
|---|---|---|
| バックアップ対象 | 仮想マシン（VM）やコンテナ（CT） | 仮想マシン（VM）、コンテナ（CT）、ホスト |
| バックアップ形式 | フルバックアップ | データ重複排除、増分バックアップ |
| バックアップ時間 | フルバックアップのみ対象のため、バックアップ時間はやや長い | 増分バックアップ対応のため、2回目以降の取得は短縮される可能性あり |
| リストア時間 | ライブリストア非対応 | ライブリストア対応により、ダウンタイムを最小化 |
| ファイルリストア | 非対応 | 対応 |
| スケジュール機能 | あり | あり |
| リモート同期 | なし | あり |
| バックアップ先 | Proxmox VEで対応しているローカルストレージ、ネットワークストレージ、分散ストレージ | Proxmox BS サーバーローカル、ネットワークストレージ、テープ装置 |
| データ圧縮 | gzip、lzo、Zstandard（zstd） | Zstandard（zstd） |
| データインテグリティ | 簡易チェック | 高度なデータインテグリティチェック（SHA-256 ハッシュ） |
| 暗号化 | なし | オプション（AES-256） |

158

これらの違いから、Proxmox BSを利用した場合に以下の点で優位であると考えられます。

## 高速・低容量でのバックアップ

バックアップ取得の頻度が高い場合に、バックアップ取得時間、保存先のストレージ容量、ネットワーク負荷において優位になります。一方でバックアップ頻度があまり高くない場合にはProxmox VEの標準機能のみで運用することも考えられます。

## リストア時のシステム停止時間の短縮

ライブリストアを利用することでシステム停止時間を短縮することが可能です。また、ファイルリストアの活用により、VM/CT単位でリストアを回避することができ、リストアによるシステム停止を回避することも可能です。

## BCPでの活用・セキュリティ対策

Proxmox BSに含まれているリモート同期、テープバックアップを利用した「3+2+1ルール」の実現や、デフォルトで組み込まれているバックアップデータの暗号化を利用することでバックアップデータを保全し、BCP（Business Continuity Plan：事業継続計画）や昨今トレンドとなっているランサムウェアのようなセキュリティ脅威への対策として活用することが可能です。

これらの違いを理解し、Proxmox BSの導入を含めてバックアップ方式を検討することが大切です。

## 7-1-2

# Proxmox BS の動作要件

Proxmox BSのインストールの際には、Proxmox VEのインストール時と同様に「導入先のサーバーハードウェアのスペック」と「導入先のサーバーハードウェアとDebian Linux 12（使用バージョン）との互換性」を事前に確認する必要があります。

Proxmox BSの導入先に求められるハードウェア要求スペックは表7-2のとおりであり、このスペックを満たすリソースを持つ必要があります。

The Practical Guide to Server Virtualization for Proxmox VE | CHAPTER 7

**表7-2:Proxmox BSの動作要件**

| | 最低限の要求スペック | 推奨スペック |
|---|---|---|
| CPU | 64 ビット Intel/AMD プロセッサ、2 コア | 64 ビット Intel/AMD プロセッサ、4 コア |
| メモリ | 2GB | 4GB、ストレージ領域 1TB につき 1GB |
| ストレージ | 8GB | エンタープライズ SSD を推奨<br>※電源喪失保護（Power Loss Protection：PLP）<br>かつ、NVMe を推奨 |
| NIC | NIC 1 枚 | NIC 2 枚以上 |

　ストレージ容量が大きくなるほど、追加のメモリ容量が必要になるので注意が必要です。ストレージについては特に重要です。Proxmox BSをインストールする筐体内のストレージと、バックアップデータを格納するストレージの両方の性能が要求されます。その理由は、バックアップデータの取得にはProxmox BSのストレージを利用し、バックアップデータの保存には保存先のストレージを利用するためです。また、Proxmox VEのVM上で利用することも可能ですが、各リソースに対するオーバーヘッドを考慮すると、推奨されるものではありません。

## 7-1-3

# Proxmox BS の特徴

　Proxmox BSには以下のような特徴があります。

**表7-3:Proxmox BSの特徴**

| 機能・特徴 | 概要説明 |
|---|---|
| 高速・低容量でのバックアップ | 重複排除による増分バックアップと、データ圧縮により高速・低容量のバックアップを実現し、リソース負荷を軽減 |
| 豊富なバックアップ・リストアオプション | テープバックアップ、ライブリストアやファイルリストアに対応 |
| リモート同期 | Proxmox BS 間のレプリケーションにより、災害対策（Disaster Recovery）に活用可能 |
| データ整合性 | 組み込みの SHA-256 チェックサムアルゴリズムにより、バックアップの正確性と一貫性が保証される |
| Proxmox VE との統合 | Web 管理ツールや内部動作も含めて Proxmox VE と統合され、セットアップ後は Proxmox BS を意識せずに利用可能 |

# 7-2 | Proxmox BSの主要機能

この節ではProxmox BSの主要機能について説明します。

## 7-2-1
## 高速なバックアップとバックアップ容量を抑える仕組み

Proxmox BSを導入することでバックアップ時間を高速化できます。それにより、バックアップ取得時のシステムへの影響が抑えられます。Proxmox BSの高速なバックアップ取得の機能は、以下に示すようなさまざまなバックエンドの仕組みによるものです。

### 1.データの重複排除（Deduplication）

Proxmox BSはデータの重複排除を実施することで、バックアップデータの容量を大幅に削減します。重複排除の仕組みは、データブロック単位でのチェックサムを利用して、同一のデータブロックが複数存在する場合に、それらを一度だけ保存する方法です。これにより、同じデータを複数回保存する必要がなくなり、ストレージの使用量が最小限に抑えられます。

### 2.増分バックアップ（Incremental Backup）

増分（インクリメンタル）バックアップは、初回のフルバックアップ以降、変更があったデータのみをバックアップする手法です。これにより、毎回のバックアップデータ量が大幅に減少し、バックアップ処理が高速化されます。Proxmox BSはこのインクリメンタルバックアップを効率的に実施することで、バックアップウィンドウ（バックアップ時間）を短縮し、ストレージリソースの節約を実現します。

### 3.Dirty Bitmap

Dirty Bitmapは、仮想マシン（VM）やコンテナ（CT）のディスクイメージの変更箇所（Dirty Block）を追跡するためのビットマップです。各ビットはディスクの特定のブロックを示し、そのブロックが変更された場合に対応するビットが設定（Dirty）されます。これにより、すべてのブロックを読み取ることなく変更があったブロックのみを読み取ることが可能になり、増分バックアップの高速化を支援します。

### 4.圧縮（Compression）

バックアップデータの圧縮は、ストレージ容量の削減に大きく寄与します。Proxmox BSはデー

161

タを圧縮することで、物理的なストレージスペースを節約し、バックアップファイルのサイズを縮小します。圧縮アルゴリズムとしては、Zstandard（zstd）が採用されています。zstdは高速かつ高効率な圧縮を提供し、バックアッププロセスのパフォーマンスを向上させます。

## 5. 暗号化（Encryption）（オプション機能）

Proxmox BSには暗号化機能が組み込まれているため、簡単に利用することができます。これにより、より安全にバックアップデータの保全が可能です。

## 6. リモート同期（Remote sync）（オプション機能）

Proxmox BSでは、別のProxmox BSにバックアップデータのレプリケーションを行うことが可能です。この機能を、ディザスタリカバリ（DR：Disaster Recovery）対策などに活用できます。

Proxmox BSでのバックアップ取得機能の具体的なプロセスは以下のとおりです。

1. **初期化**：初回のフルバックアップ時に、バックアップ対象のディスク全体をバックアップします。この時点で、すべてのブロックはクリーン（未変更）として扱われます。

2. **変更の追跡**：その後、ディスク上で変更が発生するたびに、対応するビットがDirtyとして設定されます。

3. **インクリメンタルバックアップ**：次回のバックアップ時には、Dirty Bitmapを参照して、変更されたブロック（Dirty Block）のみをバックアップします。これにより、バックアップ時間とストレージ使用量を大幅に削減できます。Dirty Bitmapを使用することで、変更されたブロックのみをバックアップするインクリメンタルバックアップが実現します。このプロセスでは、実際に変更があったブロックだけがバックアップ対象となるため、バックアップデータ量が減少します。

これらの技術的な仕組みを組み合わせることで、Proxmox BSは高速なバックアップ処理と効率的なストレージ使用を実現しています。

## 7-2-2
# バックアップデータの「チャンク」とバックアップチェーン

Proxmox BSでは、バックアップデータを「チャンク」として保存します。最初のバックアップ時に、すべてのデータがチャンクとして保存されます。この時点ではフルバックアップと同様の動作を

します。その後のバックアップでは前回から変更があったデータ(Dirty Block)のみをチャンクとして保存します。そしてこれらのチャンクをバックアップ取得時点のメタデータから参照します。そのため、バックアップ取得時に差分を確認するというプロセスは踏みますが、取得済みのバックアップデータにバックアップチェーンは適用されずに、バックアップ取得時の断面(スナップショット)としては、フルバックアップと同様に扱われます(開発元の言葉を借りると、すべてのスナップショットは同等)。

また、バックアップの検証機能により、チャンクの破損を検出することが可能です。破損を確認した場合はすべてのデータを再度保存します。そのため、Proxmox BSは製品資料などでも増分バックアップと表現されていますが、一般的なバックアップソリューションの増分バックアップと異なり、バックアップチェーンの破損を考慮して定期的にフルバックアップを明示的に取得する必要がありません。

ですが、念のため定期的にフルバックアップを取得したいケースもあると思います。その場合はProxmox BS以外にProxmox VE標準機能でバックアップを取得することでフルバックアップが可能です。

上記内容の詳細は以下のドキュメントやフォーラムにて解説されています。

https://pbs.proxmox.com/docs/technical-overview.html

https://forum.proxmox.com/threads/full-backup-of-vm.107093/

# 7-3 Proxmox BSのデータストア管理

Proxmox BSでは、バックアップの保存先をデータストアとして管理します。Proxmox BSは、さまざまなストレージオプションをサポートし、データの保存・整理・削除を効果的に管理します。ガベージコレクションとプルーニングにより、不要なデータを自動的に整理し、ストレージの最適化を行います(ガベージコレクションとプルーニングは7-3-5項と7-3-6項で後述)。また、名前空間(Name Space)とバックアップグループにより、バックアップを管理します。

## 7-3-1

## 利用可能なストレージ

Proxmox BSでは、ストレージの管理は主にファイルシステムレベルで行われます。技術的にはネットワークストレージなどを利用することも可能ですが、Proxmox VEとは異なりWeb管理

ツールからNFS・iSCSIなどを設定することはできません。Web管理ツールでサポートされているのはローカルディスクに対するext4/xfs、あるいはZFSの設定のみです。これはローカルストレージを利用した高速なバックアップ取得が推奨されているためです。

なお、NFS・iSCSIなどを利用したい場合はCLI（OS）から追加することでデータストアとして利用可能です。

また、Amazon S3（Simple Storage Service）を直接データストアとして追加する機能については、ロードマップとして公開されているため、今後追加される可能性があります。

●参考URL：「Roadmap」

https://pbs.proxmox.com/wiki/index.php/Roadmap

## 7-3-2

# データストアの追加

前述のとおり、Proxmox BSで認識しているファイルシステムをデータストアとして追加することが可能です。その場合の設定画面を図7-1に示します。その画面での設定項目の内容は表7-4のとおりです。

**図7-1：Proxmox BSへのデータストアの追加画面（［全般］タブ）**

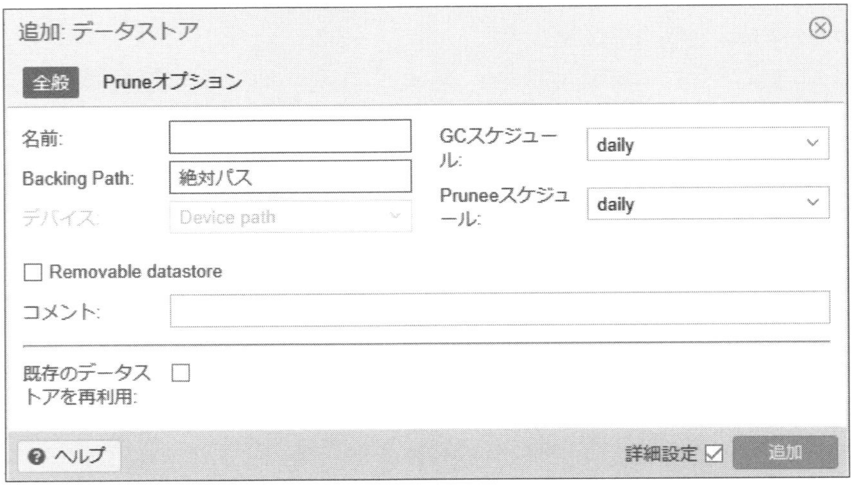

**表7-4:Proxmox BSへのデータストアの追加項目（[全般]タブ）**

| 項目 | 解説 |
|---|---|
| 名前 | データストアの名前を入力します。 |
| Backing Path | データストアの絶対パスを指定します。 |
| Path on Device<br>※ Removable datastore 選択時に Backing Path に代わり表示。 | データストアのリムーバブルディスクからの想定パスを指定します（リムーバブルデータストア用のオプションです）。 |
| デバイス<br>※ Removable datastore 選択時のみ入力可能。 | データストアを作成するリムーバブルディスクを指定します（リムーバブルデータストア用のオプションです）。 |
| GC スケジュール | ガベージコレクションが実行される頻度を設定します。 |
| Prunee スケジュール | プルーニングジョブが実行される頻度を設定します。 |
| Removable datastore | リムーバブル（取り外し可能）なデータストアかどうかを指定します（リムーバブルデータストア用のオプションです）。 |
| コメント | データストアに関するメモやコメントを記入します。データストアの用途や設定を記録しておくのに便利です。 |
| 既存のデータストアを再利用 | 別の Proxmox BS で作成したリムーバブルデータストアを追加する場合に選択します（リムーバブルデータストア用のオプションです）。 |

　また、ディレクトリ（ext4/xfs）やZFSを作成したときに［データストアとして追加］を指定することで（図7-2）、作成したディレクトリ（ext4/xfs）やZFSをデータストアとして追加することも可能です（図7-3）。

**図7-2:ディレクトリを［データストアとして追加］**

165

**図7-3:ZFSを[データストアとして追加]**

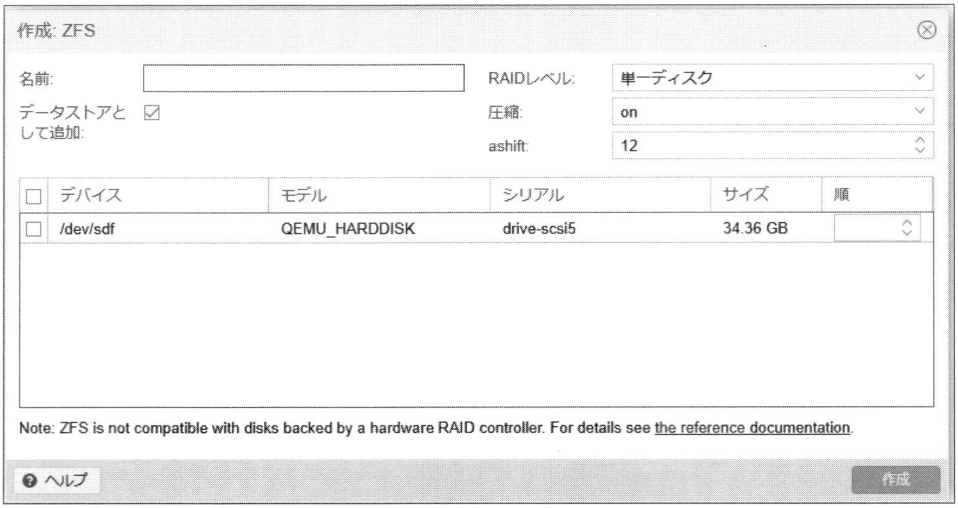

作成: ZFS

| | | RAIDレベル: | 単一ディスク | |
|---|---|---|---|---|
| 名前: | | 圧縮: | on | |
| データストアとして追加 | ☑ | ashift: | 12 | |

| ☐ | デバイス | モデル | シリアル | サイズ | 順 |
|---|---|---|---|---|---|
| ☐ | /dev/sdf | QEMU_HARDDISK | drive-scsi5 | 34.36 GB | |

Note: ZFS is not compatible with disks backed by a hardware RAID controller. For details see the reference documentation.

❷ ヘルプ　　　　　　　　　　　　　　　　　　　　　　　　　　作成

## ▼Pruneオプション

データストア作成時にプルーニングについて設定することも可能ですが、データストア作成後に設定することでより詳細な設定が可能です（詳細は後述します）。

**図7-4:データストアの設定画面（[Pruneオプション]タブ）**

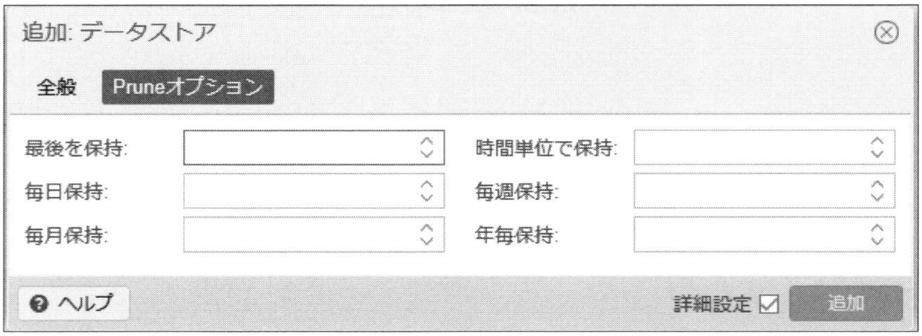

追加: データストア

全般　**Pruneオプション**

| 最後を保持: | | 時間単位で保持: | |
|---|---|---|---|
| 毎日保持: | | 毎週保持: | |
| 毎月保持: | | 年毎保持: | |

❷ ヘルプ　　　　　　　　　　　　　　　　　　　詳細設定 ☑　追加

　また、Proxmox BSバージョン3.3からの新機能として、リムーバブルディスクをリムーバブルデータストアとして追加することが可能になりました。

　リムーバブルデータストアとして登録したデータストアはリムーバブルディスクのUUIDが紐づけられるため、再接続時にも正しく設定済みのデータストアとして認識されます。また、Web管理ツール上からリムーバブルディスクのマウント／アンマウントが行えます。バージョン3.2以前でもCLIから手動で同様のことは行えましたが、正式にサポートされたことでオフラインでのバックアップをより簡単に取得できるようになりました。

**166**

注意点としては、リムーバブルデータストア専用の設定項目（[Path on Device]、[デバイス]、[既存のデータストアを再利用]）があるため、通常のデータストアと混同しないように気を付ける必要があります。

### 7-3-3

## 名前空間の利用

Proxmox BSのストレージ内で名前空間を設定し、別のバックアップグループとして管理することも可能です。既定では名前空間としてRootが使われます。この機能により、別のProxmox VE上で作成された同一IDのVM/CTを別の名前空間に保存することで別々に管理することが可能です。

名前空間をProxmox VEで利用するには、Proxmox VEのストレージ設定からProxmox BSを登録する際に名前空間を指定して登録する必要があります。これにより、複数のProxmox VEを単一のProxmox BSデータストアで管理する際に、名前空間での分割管理が可能になり、データストア領域の有効活用が可能になります。名前空間ごとにストレージを登録することで権限分離する、といった運用も可能です。

一方で、Root名前空間をストレージとして登録した場合でも、配下の名前空間を指定することはGUI（Web管理ツール）からできません。CLIからであれば名前空間を指定することが可能です。

名前空間の具体的な活用例は「7-7-2 リモート同期ジョブ[PBSのみ]」で説明します。

### 7-3-4

## バックアップグループ

Proxmox BSでは、リソース種別/ID（VM/100、CT/101、host/hostnameなど）によりバックアップグループが作成され、バックアップが管理されます。このグループの中には、バックアップ対象の差分が保存されています。このバックアップグループをリモート同期の対象として指定することができます。

バックアップグループとして注意すべき点は、別のProxmox VE上で作成された同じIDのVM/CTや、同じホスト名のホストが同じグループとして扱われてしまう点です。この問題に対しては前述の名前空間を利用することで対応可能です。

### 7-3-5

## ガベージコレクション

ガベージコレクション（Garbage Collection：GC）は、不要になったデータを自動的にクリーンアップし、ディスクスペースを解放するプロセスです。

バックアップデータが増えるに従い、不要になったデータ（古いバックアップ、削除されたVM/CTのバックアップなど）が蓄積されます。これらのデータはストレージ容量を無駄に消費するため、定期的にガベージコレクションを実行して削除する必要があります。

日時で実行するGCジョブがデフォルト登録されているため、ジョブを作成する必要はありませんが、GC実行時にはProxmox BSに負荷が発生するため、他のジョブとの重複などに注意が必要です。

## 7-3-6

# プルーニング

プルーニング（Pruning）とは、古くなったバックアップやスナップショットを削除し、ストレージの使用効率を上げるプロセスです。デフォルトでは設定されておらず、Proxmox VEのバックアップジョブで保持期間を設定していない場合は無制限でバックアップを取得し続けてしまうため、プルーニングを設定するとよいでしょう。

また、Proxmox BSのプルーニングジョブで設定した内容は、結果的にProxmox VEのバックアップジョブで設定したRetention（保持）よりも優先されます。たとえば、Proxmox VEで月次バックアップを12か月保持に設定してバックアップを取得したとしても、Proxmox BSでそれよりも短い保持期限となっていた場合は取得済みのバックアップをプルーニングジョブにより削除できます。加えて、プルーニング実行時に実データ（ストレージの使用容量）は削除されずに、GCの実行時に実データの削除が行われます。

プルーニングジョブの設定項目は以下のとおりです。

**図7-5:プルーニングジョブの設定画面**

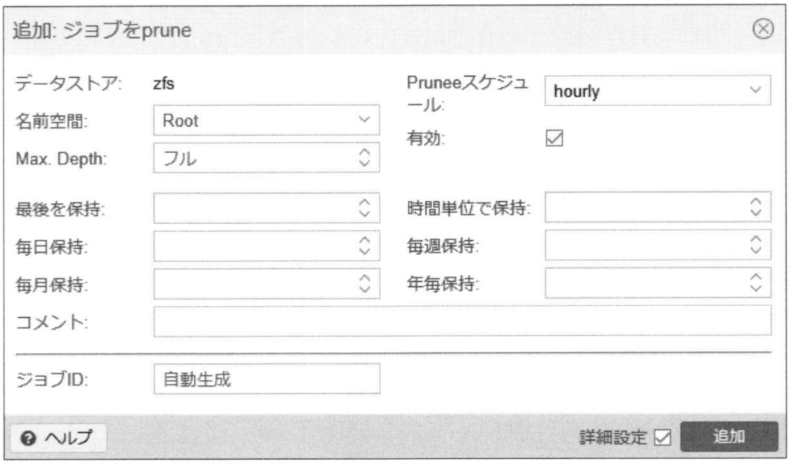

168

● 7-3 | Proxmox BSのデータストア管理

**表7-5:プルーニングジョブの設定項目**

| 項目 | 解説 |
|---|---|
| データストア | プルーニングを行う対象のデータストアを選択します（先の画面では選択済み）。 |
| 名前空間 | プルーニングするバックアップの名前空間を指定します。デフォルトでは Root が選択されています。 |
| Max. Depth | 名前空間の階層深度を指定します。「フル」と設定すると、すべての階層が対象になります。 |
| 最後を保持 | 最後に作成されたバックアップのうち、指定した数だけ保持します。たとえば「3」を設定すると、最後の3つのバックアップが保持されます。 |
| 毎日保持 | 毎日1つのバックアップを指定した日数分保持します。たとえば「7」を設定すると、過去7日分の毎日のバックアップが保持されます。 |
| 毎月保持 | 毎月1つのバックアップを指定した月数分保持します。たとえば「6」を設定すると、過去6か月分の毎月のバックアップが保持されます。 |
| 時間単位で保持 | 毎時間のバックアップを指定した数だけ保持します。たとえば「1」を設定すると、毎時間のバックアップのうち最新の1つが保持されます。 |
| 毎週保持 | 毎週1つのバックアップを指定した週数分保持します。たとえば「4」を設定すると、過去4週間分の毎週のバックアップが保持されます。 |
| 年毎保持 | 毎年1つのバックアップを指定した年数分保持します。たとえば「1」を設定すると、過去1年間分の毎年のバックアップが保持されます。 |
| Prunee スケジュール | プルーニングジョブが実行される頻度を指定します。 |
| 有効 | このプルーニングジョブを有効にするかどうかを指定します。チェックを入れることでジョブが有効になります。 |
| コメント | プルーニングジョブに関するメモやコメントを記入します。ジョブの目的や特別な設定などを記録しておくのに便利です。 |
| ジョブID（［詳細設定］） | ジョブID が自動的に生成されます。通常、これは手動で設定する必要はありません。 |

　以下のURLにプルーニングシミュレーターも用意されています。設定値を投入することで、どのバックアップが保持されるかを確認することができます。このシミュレーターはProxmox BSのマニュアルに含まれているため、インターネット接続がない環境でも利用可能です。

・オンライン：https://pbs.proxmox.com/docs/prune-simulator/
・オフライン：https://（Proxmox BSのIPアドレス）:（Proxmox BS管理コンソールのポート番号）/docs/prune-simulator/index.html

**169**

The Practical Guide to Server Virtualization for Proxmox VE　　CHAPTER 7

## 7-3-7

# Proxmox VE ストレージへの追加

　他のストレージと同様にProxmox VEの管理画面の［ストレージ］からProxmox BSを追加することが可能です。

　必要な情報は以下のとおりです。

### ▼全般

**図7-6:Proxmox VEストレージへのProxmox BSの追加画面（［全般］タブ）**

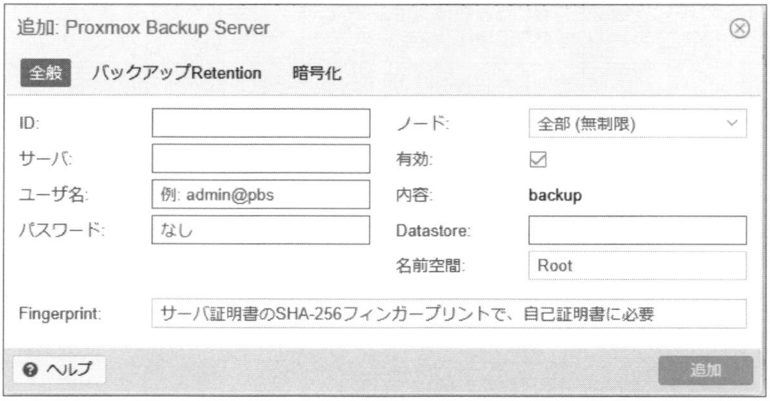

| | |
|---|---|
| 追加: Proxmox Backup Server | ⊗ |

| 全般 | バックアップRetention | 暗号化 |
|---|---|---|

| ID: | | ノード: | 全部 (無制限) ∨ |
|---|---|---|---|
| サーバ: | | 有効: | ☑ |
| ユーザ名: | 例: admin@pbs | 内容: | **backup** |
| パスワード: | なし | Datastore: | |
| | | 名前空間: | Root |

| Fingerprint: | サーバ証明書のSHA-256フィンガープリントで、自己証明書に必要 |
|---|---|

❷ ヘルプ　　　　　　　　　　　　　　　　　　　　　　　　　追加

**表7-6:Proxmox VEストレージへのProxmox BSの追加項目（全般）**

| 項目 | 説明 |
|---|---|
| ID | 接続の識別に使用する任意の ID を入力します。 |
| ノード | このバックアップサーバーを使用できるノードを指定します。 |
| サーバ | Proxmox Backup Server のホスト名または IP アドレスを入力します。 |
| 有効 | このバックアップサーバーを有効化するかどうかを選択します。 |
| ユーザ名 | バックアップサーバーにアクセスするためのユーザー名を入力します。 |
| 内容 | この接続の用途を指定します。通常は "backup" です。 |
| パスワード | バックアップサーバーにアクセスするためのパスワードを入力します。 |
| Datastore | 使用するデータストアを指定します。 |
| 名前空間 | 名前空間を指定します。通常は "Root" です。 |
| Fingerprint | サーバー証明書の SHA-256 フィンガープリントを入力します。 |

▼Retention

Retention機能についてはProxmox BSで直接設定することが推奨されています。設定項目についてはプルーニングとして説明してきた内容と共通しているので割愛します。

**図7-7：Proxmox VEストレージへのProxmox BSの追加画面（［バックアップRetention］タブ）**

▼暗号化

**図7-8：Proxmox VEストレージへのProxmox BSの追加画面（［暗号化］タブ）**

**表7-7：Proxmox VE ストレージへのProxmox BSの追加項目（暗号化）**

| オプション | 説明 |
| --- | --- |
| バックアップの暗号化不可 | 暗号化なしでバックアップを作成します。 |
| クライアント暗号化キーの自動生成 | バックアップ時に自動的に暗号化キーを生成し、バックアップデータを暗号化します。 |
| 既存クライアント暗号化キーのアップロード | 既存の暗号化キーを使用してバックアップデータを暗号化します。 |

特徴的な項目としては、［全般］タブの［Fingerprint］にて、証明書のフィンガープリントの入力が必要です。

これはProxmox BS管理コンソールの［ダッシュボード］→［フィンガープリントの表示］からコピーが可能です。あるいはCLIで`proxmox-backup-manager cert info |grep Fingerprint`コマンドで確認することができます。

このフィンガープリントは複数のProxmox BSをリモート同期させる際にも利用するため、確認方法は押さえておくとよいでしょう。

追加後は、Proxmox VEでのバックアップ設定時にストレージとして追加したProxmox BSが選択可能になります。

# 7-4 | Proxmox VEバックアップの動作

この節では、Proxmox VE（PVE）とProxmox BS（PBS）のバックアップ機能について解説していきます。

Proxmox BSではさまざまな機能が追加されますが、基本的なバックアップの動作についてはProxmox VEとProxmox BSで共通する部分が多くあります。

### 7-4-1
## Proxmox VE バックアップモードの種類 ［PVE/PBS 共通］

Proxmox VEは、主に以下の3つのバックアップモードをサポートしています。

● 停止モード:VM/CTを完全に停止してからバックアップを取得。
● サスペンドモード:VM/CTを一時停止した状態でバックアップを取得。
● スナップショットモード:VM/CTを稼働させたまま、スナップショットを作成してバックアップ。

サスペンドモードはスナップショットモードが提供されるまで利用されていた機能であり、現在は利用が推奨されていないので、停止モードとスナップショットモードについて比較していきます。

**表7-8：バックアップモードの比較**

| 項目 | 停止モード | スナップショットモード |
|------|-----------|----------------------|
| 方法 | △仮想マシン（VM）を停止してからバックアップを取得<br>※HA時には利用不可 | ○仮想マシンを稼働させたままバックアップを取得 |
| 影響 | △VMの停止が必要なため、その間サービスが停止 | ○VMは稼働したままなのでサービスは継続 |
| データ整合性 | ◎高い整合性を保証 | △整合性なし<br>○ファイルシステムやアプリケーションの整合性が保証される<br>※QEMU Guest Agentの導入を推奨 |
| バックアップの速度 | △やや遅い（停止時間が必要） | ○高速（VMを停止しないため） |
| ディスクの変更 | △変更がない（停止中のため） | ○バックアップ中も変更可能 |
| 使用例 | 停止可能なシステム<br>※HA設定済みリソースでは利用不可 | 常時稼働が必要なシステム |

## 7-4-2

# Proxmox VE バックアップのフロー［PVE/PBS 共通］

停止モードでのバックアップフローは以下のとおりです。

1. バックアップジョブの開始
2. VMの停止
3. データ転送と保存
4. VMの起動
5. バックアップジョブの完了

　上記のように、バックアップ処理の途中でVM/CTの停止が行われるため、実行中の処理は一度停止してしまいます。一方で、対象のVM/CTを停止した状態でバックアップを取得するので、データの一貫性は確実なものとなります。

　次に、スナップショットモードでのバックアップのフローは以下のとおりです。

1. バックアップジョブの開始
2. ゲストOSのファイルシステムをフリーズ(fs-freeze)
3. スナップショットの作成
4. ゲストOSの解凍(fs-thaw)
5. データ転送と保存
6. バックアップジョブの完了

The Practical Guide to Server Virtualization for Proxmox VE　　CHAPTER 7

　スナップショットモードでは、VM/CTの停止や起動はありません。後ほど説明するQEMU Guest Agent（ゲストエージェント）により、ゲストOS上のファイルシステムをフリーズした状態でスナップショットを作成することで、データの一貫性を保持します。システムの停止を伴わずにバックアップを取得できますが、ゲストVM/CTへのQEMU Guest AgentのインストールおよびProxmox VEでの設定が必要になります。

　QEMU Guest Agentを導入しない場合、フリージング処理が行われないため、スナップショット取得中の変更が正しくバックアップデータに反映されない可能性があります。しかし、QEMU Guest Agentを導入していない場合でもスナップショットモードは利用可能であり、エラーや警告なども表示されないので注意が必要です。

## 7-4-3
## バックアップにおける QEMU Guest Agent の役割

　QEMU Guest Agentは、Proxmox VEとゲストOS（VM）間で通信を行い、仮想化環境における管理や操作をサポートするツールです。

　バックアップにおいては、ゲストOSのファイルシステムをフリーズ（fs-freeze）して一貫性のあるスナップショットを取得し、その後に解凍（fs-thaw）して正常な動作に戻します。

　そのため、スナップショットモードを利用するにはVMへのQEMU Guest AgentのインストールおよびProxmox VEでの有効化が推奨されます。繰り返しになりますが、未設定でもエラーや警告は表示されず、バックアップ取得も行えるので注意が必要です。

# 7-5 ｜ バックアップの取得・設定

　この節ではバックアップの取得と設定について説明します。バックアップの取得機能では、Proxmox VE上から手動およびジョブスケジュール、さらにProxmox BSではProxmox Backup Clientを利用したホストのバックアップが可能です。それぞれについて以下に説明します。

## 7-5-1
## 手動バックアップ ［PVE/PBS 共通］

　Proxmox VEの管理コンソール上から、対象とするVM/CTを選び、［バックアップ］→［今すぐバックアップ］を選択することで手動でのバックアップを取得できます。設定項目はバックアップ

● 7-5 | バックアップの取得・設定

ジョブの[全般]と同等であるため、説明は割愛します。

## 7-5-2
# バックアップジョブの作成・スケジューリング［PVE/PBS 共通］

　Proxmox BSの利用の有無にかかわらず、Proxmox VEではスケジュールの設定によるバックアップジョブを作成可能です。

　Proxmox BSを利用したい場合は、保存先にストレージとして追加したProxmox BSを指定します。また、バックアップデータの保存先として選択可能なストレージは、Proxmox VEのストレージ設定の[内容]からバックアップ（VZDumpバックアップファイル）を選択しておく必要があります。

　また、/etc/vzdump.confの設定ファイルを利用することも可能です。このファイルで定義した値はWeb管理ツールからバックアップジョブを作成する際の既定値となります。また、入力を省略した項目が影響を受けることに注意しましょう。

　バックアップジョブ作成時に設定可能な項目は以下のとおりです。

### ▼全般

**図7-9:バックアップジョブの作成画面（[全般]タブ）**

**表7-9:バックアップジョブの作成項目（全般）**

| 項目 | 解説 |
|---|---|
| ノード | バックアップを実行するノードを指定します。「-- 全部 --」を選択すると、すべてのノードが対象になります。 |
| ストレージ | バックアップデータを保存するストレージを指定します。例:Proxmox BS、NFS、ローカルディスク、Ceph など。 |
| スケジュール | バックアップジョブを実行するスケジュールを設定します。日次、週次など、柔軟にスケジュールを設定できます。 |
| 選択モード | バックアップの対象を選択します。選択した VM や CT を含むか、除外するかを設定します。 |
| 通知ノード | バックアップの結果を通知するためのノードを指定します。デフォルトでは自動（既定の「Auto」）が選ばれます。 |
| メールの送信先 | バックアップ完了時に通知メールを送る場合、その送信先を指定します。 |
| Email を送信 | バックアップの通知メールを送信する頻度を設定します。例：常時、失敗時のみなど。 |
| 圧縮 | バックアップデータを圧縮する方法を指定します。「ZSTD」（高速かつ良好）、「LZO」（高速）、「なし」（圧縮しない）など。 |
| モード | バックアップの方法を指定します。スナップショット、停止状態、またはライブバックアップから選択できます。 |
| 有効 | バックアップジョブを有効にするかどうかを指定します。チェックボックスにチェックを入れるとジョブが有効になります。 |
| ジョブのコメント | バックアップジョブに関するメモやコメントを記入します。ジョブの目的や特別な設定などを記録しておくのに便利です。 |

## ▼Retention（保持）

**図7-10:バックアップジョブの作成画面（[Retention]タブ）**

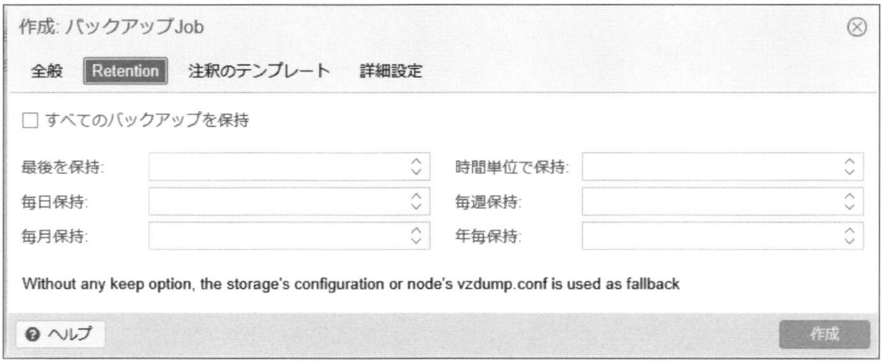

#### 表7-10:バックアップジョブの作成項目（Retention）

| 項目 | 解説 |
|---|---|
| すべてのバックアップを保持 | このチェックボックスを有効にすると、バックアップが削除されず、すべて保持されます。このオプションが選択された場合、以下の各保持設定は無効化されます。 |
| 最後を保持 | 最後に実行されたバックアップのうち、指定した数のバックアップを保持します。 |
| 毎日保持 | 毎日１つのバックアップを指定した日数分保持します。 |
| 毎月保持 | 毎月１つのバックアップを指定した月数分保持します。 |
| 時間単位で保持 | 毎時間のバックアップを指定した数だけ保持します。たとえば「1」を設定すると、毎時間のバックアップのうち最新の１つが保持されます。 |
| 毎週保持 | 毎週１つのバックアップを指定した週数分保持します。 |
| 年毎保持 | 毎年１つのバックアップを指定した年数分保持します。 |

　設定に何も指定されていない場合は、ストレージの設定またはノードのvzdump.confファイルに基づいてデフォルトの保持ポリシーが適用される旨の警告が画面に記載されています。ここで設定した項目数がProxmox BSのプルーニング設定より多くの世代を保持するように設定されている場合は、実質的にプルーニング設定が優先されます。これはバックアップ取得を行っても、プルーニングにより削除されるためです。

#### ▼注釈のテンプレート

#### 図7-11:バックアップジョブの作成画面（[注釈のテンプレート]タブ）

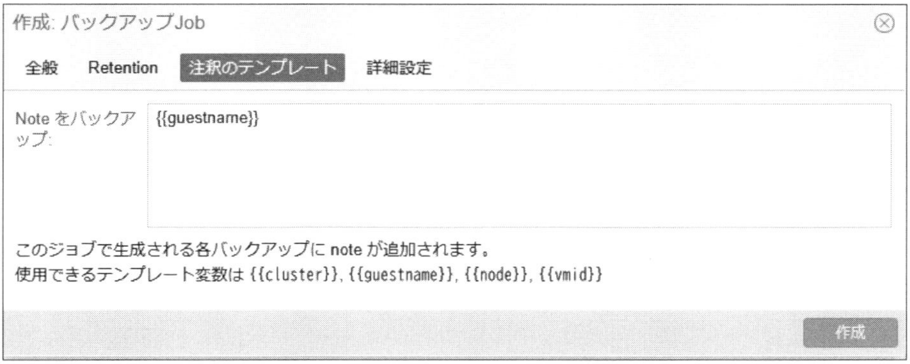

**表7-11：バックアップジョブの作成項目（注釈のテンプレート）**

| 変数 | 説明 |
|---|---|
| {{cluster}} | クラスタ名。バックアップが属する Proxmox クラスタの名前が挿入されます。 |
| {{guestname}} | ゲスト名。バックアップ対象の仮想マシンやコンテナの名前が挿入されます。 |
| {{node}} | ノード名。バックアップが実行される Proxmox VE ノードの名前が挿入されます。 |
| {{vmid}} | VMID。バックアップ対象の仮想マシンやコンテナの ID が挿入されます。 |

## ▼詳細設定

**図7-12：バックアップジョブの作成画面（[詳細設定]タブ）**

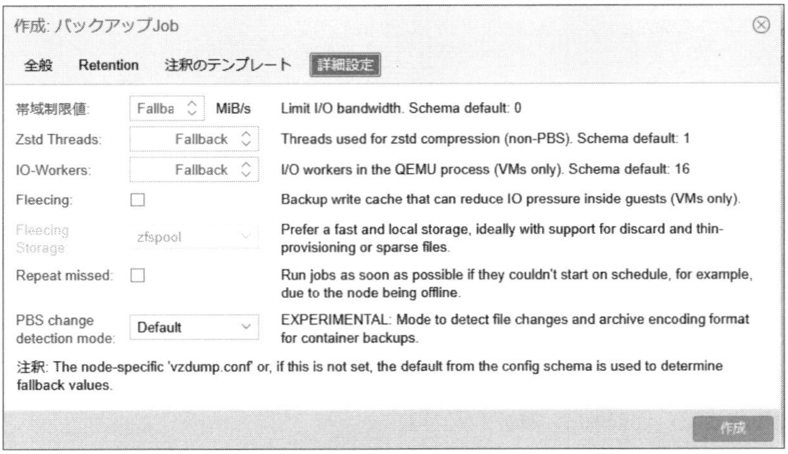

**表7-12：バックアップジョブの作成項目（詳細設定）**

| 項目 | 説明 |
|---|---|
| 帯域制限値<br>（I/O bandwidth limit） | I/O 帯域幅の制限を設定します。デフォルトは 0 で、制限なし。 |
| Zstd Threads | Zstandard (zstd) 圧縮に使用するスレッド数を指定します。デフォルトでは 1 スレッド。 |
| IO-Workers | QEMU プロセス内の I/O ワーカー数を設定します。デフォルトは 16 ワーカー。 |
| Fleecing | ゲスト OS 内の I/O 負荷を軽減するバックアップ書き込みキャッシュの使用を有効にします（VM のみ）。 |
| Fleecing Storage | Fleecing の際に使用するストレージを指定します。ローカルストレージ推奨。 |
| Repeat missed | スケジュールされたジョブが実行されなかった場合、次回可能なときに実行します。 |
| PBS change detection mode | コンテナのバックアップ時にファイルの変更を検出する機能です（テスト中の機能）。 |

### 7-5-3

# ホストのバックアップ（Proxmox Backup Client）[PBS のみ]

　Proxmox Backup ClientはLinux上で実行し、実行したLinuxホストのファイルやディレクトリをProxmox BSのデータストア（Datastore）にバックアップするためのコマンドラインツールです。これを利用することでProxmox VEゲスト以外のホストのファイルシステム全体や特定のディレクトリをProxmox BSにバックアップすることが可能です。

　現在はLinuxのみに提供されますが、Linux以外のOSへの対応もロードマップに示され、Windows版の開発も進んでいます（下記URLを参照）。

https://pbs.proxmox.com/wiki/index.php/Roadmap
https://forum.proxmox.com/threads/proxmox-backup-client-for-windows-alpha.137547/
https://github.com/tizbac/proxmoxbackupclient_go

### 7-5-4

# バックアップの暗号化 [PBS のみ]

　Proxmox BSではバックアップの暗号化を利用できます。その設定はProxmox VEのストレージからProxmox BSに対して可能です。設定方法は「7-3-7 Proxmox VEストレージへの追加」に記載しています。

　設定が行われると、バックアップデータ保存時に生成された暗号化キーに基づいてAES-256-GCMアルゴリズムで暗号化されます。

　また、暗号化した場合はリストア時に、バックアップに使用した暗号化キーが必要となるので注意が必要です。バックアップの設定により、Proxmox VEの`/etc/pve/priv/storage`配下に暗号化キーは格納されて、リストア時に自動的に使用されます。Proxmox VEクラスタを構成している場合はクラスタ内のProxmox VEノードにも同期されます。そのため、通常の運用ではあまり暗号化キーを意識することはないと考えられます。ただし、DRなどを考慮すると別途暗号化キーを管理する必要があります。

# 7-6 | リストア

　この節では、リストアの設定とリストア時の動作のほか、ライブリストアやファイルリストア、ホストへのリストアなどのオプションについて説明します。

## 7-6-1
# リストアの設定［PVE/PBS 共通］

　Proxmox VEで各リソースを選び［バックアップ］を選択することでリストアが可能です。以下がリストア時のオプションとなります。

**図7-13:リストアの設定画面**

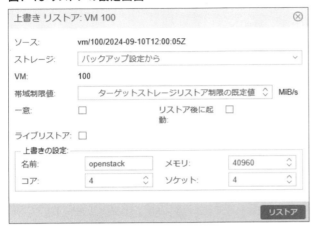

**表7-13:リストアの設定項目**

| 項目 | 解説 |
| --- | --- |
| ソース | リストア元のバックアップファイルを指定します（上の画面では指定済み）。 |
| ストレージ | リストア先のストレージを選択します。 |
| VM | リストア後に作成される仮想マシンのIDを指定します（上の画面では指定済み）。 |
| 帯域制限値 | リストア操作中に使用するネットワーク帯域幅を制限するための設定です。たとえば、リストア中に他のネットワークトラフィックを阻害しないよう制限をかけることができます。 |
| 一意 | このチェックボックスを有効にすると、リストアする仮想マシンに一意の設定が適用されます（MACアドレスなど）。 |
| リストア後に起動 | このチェックボックスを有効にすると、リストアが完了した後に自動的に仮想マシンが起動します。 |
| ライブリストア | このチェックボックスを有効にすると、仮想マシンを実行中の状態でリストアできます。 |
| 上書きの設定 | リストア時に仮想マシンのリソース（名前、メモリ、コア数、ソケット数）を変更できます。 |

**7-6-2**

# リストアの動作［PVE/PBS 共通］

リストアの各動作については以下のとおりです。

1. バックアップデータの読み込み:Proxmox VEあるいはProxmox BSはストレージやデータストアからバックアップデータの読み込みを行います。
2. データの重複排除解除:Proxmox BSのみですが、重複排除されたバックアップデータを元の形式に復元します。
3. データの解凍:圧縮している場合、データの解凍を行います。
4. データの検証:データの整合性を確認します。
5. データ転送:解凍済みのデータをProxmox VEで指定したストレージへ転送します。
6. ディスクイメージの再構築:Proxmox VE上にディスクイメージを再構築します。これは、仮想ディスクファイル(通常は.qcow2や.rawなどの形式)として保存されます。
7. VMまたはCTの再作成:指定されたパラメータ(RAM、CPU、ネットワーク設定など)に基づいてVMまたはCTが再作成されます。

**7-6-3**

# ライブリストア［PBS のみ］

ライブリストアを利用することで、リストア時のシステム停止時間を削減することができます。

VMのバックアップを復元する際、通常の復元プロセスでは完了までVMが利用できませんが、ライブリストアを使用するとVMを即座に起動でき、停止時間を削減することが可能です。なお、ライブリストアは、起動中のVMを無停止のままリストアできる機能(ダウンタイムをゼロにする機能)ではなく、リストアプロセスにおいてVMを停止後にすぐVMを起動することでダウンタイムを削減するための機能です。

仕組みとしては、VMがアクティブにアクセスしているチャンクを優先コピーすることで、VMを動作させています。この動作モードは、Webサーバーなど、初期動作に必要なデータ量が少ない大規模なVMに特に役立ちます。また、このオプションはCT(コンテナ)に対応しておらず、VMでのみ利用可能です。

有効なオプションですが、注意点もあります。ライブリストア中は、データをバックアップサーバーからロードする必要があるため、VMはディスク読み取り速度が制限された状態で動作します。また、ライブリストアが何らかの理由で失敗した場合は、復元操作中に書き込まれたデータを保持できない可能性が高いです。

そのため、ライブリストアは注意点を踏まえて利用を検討する必要があります。

## 7-6-4
# ファイルリストア［PBS のみ］

Proxmox BSを導入している場合のみ、VM/CT全体をリストアせずともファイルのみをリストアすることが可能です。なお、リストアするファイルは直接VM/CTにリストアすることはできず、接続しているクライアントにダウンロードすることになります。

このオプションはProxmox VEの管理コンソールで、バックアップストレージにProxmox BSを選択した場合にのみ画面に表示されます。

また、Proxmox BSからもこの操作を実行することが可能です。

## 7-6-5
# ホストのリストア（Proxmox Backup Client）［PBS のみ］

Proxmox Backup Clientでバックアップを取得したホストのリストアを行います。ホストのリストアではVM/CTのリストアとは違い、ホスト全体のリストアではなくファイルリストアのみをサポートしている点に注意が必要です。そのため、Proxmox VE上のVM/CTを対象にホストのバックアップ・リストアをすることは推奨されません。

ホスト全体のリストアはコミュニティでも機能リクエストとして議論されています。また、Proxmox VEノードのバックアップ・リストアはロードマップに示されています（下記URLを参照）。

https://bugzilla.proxmox.com/show_bug.cgi?id=3852

https://pbs.proxmox.com/wiki/index.php/Roadmap

# 7-7 | Proxmox BSのリモート同期（レプリケーション）

この節ではProxmox BSのリモート同期（バックアップデータのレプリケーション）について説明します。Proxmox BSを同期することで、Proxmox BSノードやサイト単位での障害に備えることができます。

● 7-7 | Ｐｒｏｘｍｏｘ　ＢＳのリモート同期（レプリケーション）

## 7-7-1

# リモートProxmox BSの追加［PBSのみ］

　Web管理ツールからリモートProxmox BSを追加することができます。設定に必要な情報は以下のとおりです。

**図7-14:リモートProxmoxBSの追加画面**

**表7-14:リモートProxmoxBSの追加画面の項目**

| 項目 | 説明 |
|---|---|
| リモート ID | 接続先リモートサーバーの識別子を入力します。 |
| Auth ID | 認証に使用する ID を入力します。 |
| ホスト | 接続先の FQDN または IP アドレスを入力します。 |
| パスワード | 認証に使用するパスワードを入力します。 |
| Fingerprint | サーバー証明書の SHA-256 フィンガープリントを入力します。 |
| コメント | 接続に関するメモや説明を入力します。 |

　フィンガープリントは自己証明書の場合に必要になる項目です。リモートProxmox BSの追加時に必須の設定ではないため、未設定でもリモートProxmox BSの設定は完了します。ですがProxmox BSではデフォルトの証明書は自己証明書を利用しており、未設定のままだとリモート同期ジョブ作成時にエラーが発生するので注意が必要です。Proxmox BSのフィンガープリントの確認方法は「7-3-7 Proxmox VEストレージへの追加」に記載しています。

## 7-7-2

# リモート同期ジョブ［PBSのみ］

　ローカルのデータストアおよびリモートProxmox BSのデータストアに対してバックアップデー

183

タを同期（レプリケーション）することが可能です。リモート同期ジョブ設定の際に必要な情報は
以下のとおりです。

## ▼Options

**図7-15:リモート同期ジョブの設定画面（[Options]タブ）**

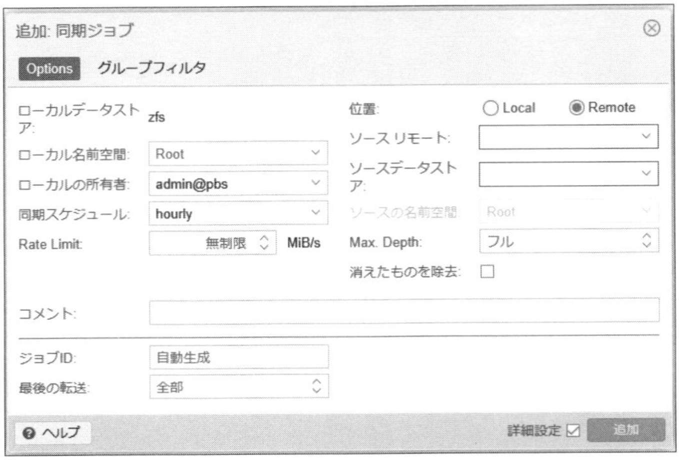

**表7-15:リモート同期ジョブの設定項目（Options）**

| 項目 | 説明 |
|---|---|
| ローカルデータストア | 同期するローカルのデータストアを指定します。 |
| ローカル名前空間 | ローカルの名前空間を指定します。 |
| ローカルの所有者 | ローカルデータの所有者を指定します。 |
| 同期スケジュール | 同期の実行頻度を指定します。 |
| Rate Limit | 帯域幅の制限を設定します（MiB/s）。 |
| 位置 | 同期対象がローカルかリモートかを選択します。 |
| ソースリモート | ソースとして使用するリモートサーバーを指定します。 |
| ソースデータストア | ソースデータストアを指定します。 |
| ソースの名前空間 | ソースの名前空間を指定します。 |
| Max. Depth | 同期する最大ディレクトリ階層の深さを設定します。 |
| 消えたものを除去 | ソースから削除されたデータをローカルからも削除するかを選択します。 |
| コメント | この同期ジョブに関するコメントを入力します。 |
| ジョブID（[詳細設定]） | ジョブIDを自動生成するか、手動で設定します。 |
| 最後の転送（[詳細設定]） | 転送するグループごとの世代数（指定しない場合はすべて）。 |

▼グループフィルタ設定

Include/Excludeフィルタではそれぞれ以下の条件を追加できます。

**図7-16:リモート同期ジョブの設定項目（[グループフィルタ]タブ）**

**表7-16:リモート同期ジョブの設定項目（グループフィルタ）**

| フィルタタイプ | フィルタ値 |
| --- | --- |
| 種別 | VM/CT/ホスト |
| グループ | バックアップグループ（VM/100 など） |
| Regex | 完全グループ ID を正規表現で指定 |

フィルタの設定に対して以下のように動作します。

- フィルタ設定なし:すべてのバックアップが対象
- Includeフィルタのみ設定:Includeフィルタに一致するものが対象
- Excludeフィルタのみ設定:Exclude(除外)フィルタに一致するもの以外が対象
- 両方のフィルタを設定:Includeフィルタに一致し、除外フィルタに一致しないものが対象

設定上の注意点としては、3.2以前のバージョンの場合、ジョブの作成を行うProxmox BSはリモート同期元ではなく、リモート同期先となるProxmox BSから行う必要がある点です。これは複数の拠点に配置したProxmox BSを1つの拠点に配置したProxmox BSに集約する1対多の構成である場合、集約する拠点のProxmox BSで集中的に作業を行えるために有用となります。

## 7-8 Proxmox BS導入の代表的な構成例

システムの構成や要件、制約などにより差異は発生すると思いますが、Proxmox BS導入の代表的な構成例を挙げていきたいと思います。

### 7-8-1
### 単一拠点への導入

単一拠点内のローカルに、Proxmox VE単体ノード／クラスタとProxmox BS単体ノードで構成されている状態を想定します。Proxmox VEからProxmox BSをストレージとして設定し、バックアップ先として利用します。

**図7-17:単一拠点への導入（PBSローカルのみ）**

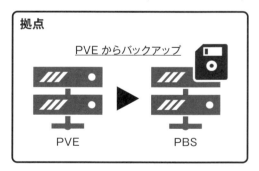

この状態では、Proxmox VE障害発生時にはProxmox BSから復旧が可能です。また、Proxmox BS障害発生時にはProxmox BSを復旧後にProxmox VEから再度バックアップを取得することで復旧が可能です。ですが、Proxmox BS復旧までの間のバックアップ取得はできなくなりますし、障害の内容次第では過去のバックアップが復旧できない可能性もあります。

そのケースを想定すると、Proxmox BSのバックアップデータを別のデータストアにレプリケーションすることも検討の余地があります。

たとえば、以下のようにProxmox BS上でNASなどの外部ストレージをデータストアとして登録し、ローカルレプリケーションを行うという構成です。この方法であれば、Proxmox BS内のバックアップデータが消失した場合でも外部ストレージ内にレプリケーションされているため、バックアップデータは保全されます。また、Proxmox BS復旧までの間にリストアする必要が発生した場合には、Proxmox VEから外部ストレージをストレージとして登録することで、直接リストアすることが可能です[※1]。

**図7-18：単一拠点への導入（NASへのローカルレプリケーション）**

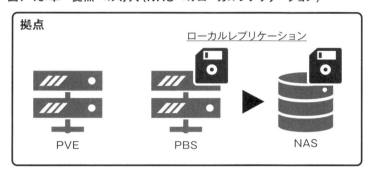

また、メインのProxmox BSに加えて、Proxmox VE上にProxmox BSを構築し、そのProxmox BSにリモートレプリケーションを行う構成も考えられます。この構成では、レプリケーションのデータが保全されることに加えて、メインのProxmox BSでの障害発生時にもProxmox VE上のProxmox BSを利用できます。ただし、Proxmox VE上で動作させるため、Proxmox VEの負荷が高まる懸念があります。この懸念についてはProxmox BS上でのトラフィック制御や、スケジュールの最適化により対処が可能です。

**図7-19：単一拠点への導入（拠点内PBSへのリモートレプリケーション）**

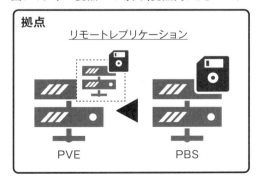

※1　Proxmox BSで取得したバックアップデータをProxmox VEから復旧する方法は7-6-1項で紹介しています。

## 7-8-2
## 2拠点への導入

DRなどを想定して、メインとサブの2拠点のデータセンターで構成されている環境を考えます。

この構成では、メインセンターとサブセンターのそれぞれにProxmox BSを構築し、リモートレプリケーションを行うことが想定されます。拠点間でのレプリケーションについては拠点間通信となるため、ネットワークとセキュリティの観点で留意すべき点が増えると考えられます。

**図7-20:2拠点への導入（拠点間PBSへのリモートレプリケーション）**

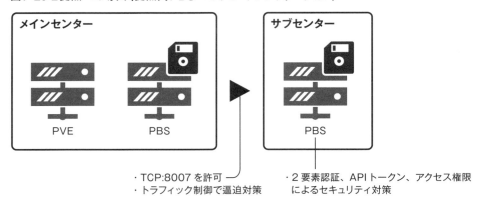

まずはネットワークの観点で検討してみます。

帯域については、トラフィック制御の設定を利用して、経路上のネットワーク帯域の圧迫を防ぐことができます。また、リモート同期にはProxmox BSのAPIが利用されています。APIが利用するTCPポート番号は8007を許可する必要があります。ただし、このポート番号は管理コンソールに利用するポートと同じであるため、許可する範囲については注意が必要です。

続いてセキュリティの観点から考えてみます。

ネットワークセキュリティとしては前述のAPI用の通信を経路上でフィルタリングすることが大切です。また、Proxmox BS上でもアクセス制御として2要素認証、APIトークンを利用したアクセス制御や、アクセス後のアカウント／APIトークンに対するアクセス権限制御を行うことで対策が可能です。

## 7-8-3
## 1対多構成での導入

1対多構成の例として、複数のエッジと各拠点上のProxmox BSがあり、それらのバックアップデータを保全するためのデータセンター上にProxmox BSがあると想定します。

基本的には前述の構成と同じですが、単一のProxmox BSに対して複数のProxmox BSからレプリケーションを行う際には、レプリケーション先のProxmox BSの名前空間（Name Space：NS）の利用を検討する必要があります。

レプリケーション先のProxmox BSに名前空間を作成せずに、各拠点のProxmox BSからRoot名前空間に対してレプリケーションを行ったとします。Proxmox BSのデータストアでは、バックアップをリソース種別/ID（VM/100、CT/101、host/hostnameなど）という単位で管理します。その際、バックアップ元のProxmox VEやレプリケーション元のProxmox BSについての情報は考慮されません。そのため、別Proxmox BSの同じ種別/IDを持つリソースのバックアップは、レプリケーション先で同一のバックアップデータとして管理されます。

**図7-21：1対多構成での導入（NSを利用しないケース）**

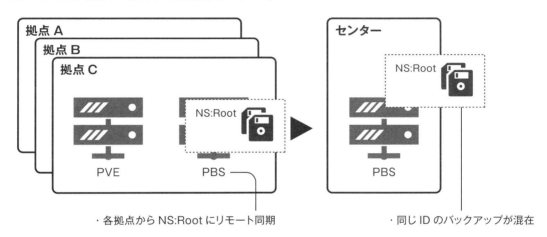

この事象は名前空間を利用することで回避が可能です。

まず、レプリケーション先のProxmox BSで拠点ごとの名前空間を作成します。その後、レプリケーション元のProxmox BSでジョブの作成時に、レプリケーション先に作成した拠点用の名前空間を保存先として指定します。このようにすることで、同じ種別/IDを持つバックアップデータが混在することを回避でき、管理も容易になります。

**図7-22:1対多構成での導入（名前空間を利用したケース）**

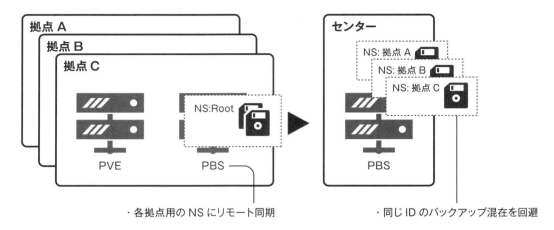

1つのデータストアを名前空間によって分割するのではなく、複数のデータストアを用意してそれぞれ管理する構成も可能ですが、データストア容量の有効活用という観点では、名前空間を利用する方式が優位であると考えます。

そのほかに、レプリケーション先のProxmox BSの負荷を考慮したジョブの設計や、バックアップジョブの作成時に注釈に{{cluster}}変数を利用するといったことなどに留意する必要があるでしょう。

第 **8** 章

The Practical Guide to Server Virtualization for Proxmox VE

# Proxmox VE への
# 仮想マシンの移行

本章では、Proxmox VE への仮想マシンの移行を解説します。
Proxmox VE 8.2 より、VMware by Broadcom の ESXi から移行す
る際の管理ユーザーインターフェース（UI）のインポートウィザードが
用意され、vSphere 環境からの移行が容易になっています。ESXi 以
外でも Microsoft Hyper-V や KVM の仮想マシンなど、他のハイパー
バイザーからも移行が可能です。

The Practical Guide to Server Virtualization for Proxmox VE | CHAPTER 8

# 8-1 仮想マシン移行方式

　仮想マシンの移行方式は大きく分けて3つあります。そのうち2つはvSphere環境からの移行方式で、残りの1つは他のハイパーバイザーからの移行方式です。vSphere環境における移行方式の1つは、Proxmox VE 8.2より追加されたWeb管理ツールで操作可能なインポートウィザードです。Proxmox VEから移行元vSphere環境にネットワーク経由でアクセスできる場合に採用できる選択肢となります。対して、Proxmox VEとvSphere環境でネットワークの疎通性がない場合は、vSphere環境で作成したOVFファイルをProxmox VEにインポートすることで移行が可能です。

　また、vSphere以外のハイパーバイザーでは、仮想ハードディスクをインポートすることで移行できます。OVFインポートおよび仮想ハードディスクインポートでは、Proxmox VEにSSHなどでログインし、コマンドラインインターフェース（CLI）操作で移行します。

**表8-1:移行の対象と方法**

| 移行対象 | 移行方法 |
| --- | --- |
| vSphere（Proxmox VE とのネットワーク疎通性あり） | インポートウィザード（Web 管理ツール） |
| vSphere（Proxmox VE とのネットワーク疎通性なし） | OVF インポート（CLI） |
| その他のハイパーバイザー（Hyper-V、KVM など） | 仮想ハードディスクのインポート（CLI） |

次節からは、移行する際に実施する準備と実際の移行手順を紹介します。

# 8-2 仮想マシン移行の準備

　仮想マシン移行前の準備として、以降に取り上げる事項を考慮するとスムーズに移行できます。なお、移行元の仮想マシンを変更する前に、移行が失敗した場合などでロールバックできるようスナップショットやバックアップを取得しておくことを推奨します。

192

## 8-2-1

# ゲストツールのアンインストール

　移行元ゲストOSにインストールしている移行元のハイパーバイザーで提供されるゲストツール（vSphereの場合はVMware Toolsに相当）をアンインストールします。仮想マシン移行後にゲストツールをアンインストールすることが難しい場合があるため、事前にアンインストールします。

## 8-2-2

# ネットワークの設定のバックアップ

　ネットワークの設定は、事前に控えておき、手動で復元できるようにしておきます。移行後は仮想マシンのMACアドレスやNICデバイスが変更されるため、ゲストOS内のネットワークアダプタが変更され、ネットワーク設定は引き継がれません。OSの種別にかかわらず、ゲストOS内のネットワーク設定は再設定が必要になります。

## 8-2-3

# 暗号化された仮想マシンの復号化

　仮想マシンでディスクが暗号化され、暗号化キーが仮想TPMデバイスに格納されている場合は、それらを無効化します。執筆時点ではvTPMが構成されている仮想マシンは移行することはできません。

## 8-2-4

# VirtIO ドライバ・QEMU ゲストエージェントのインストール

　移行後の仮想マシンのハードウェア構成にも依存しますが、事前にProxmox VEの仮想マシンで必要となるデバイスドライバやQEMUゲストエージェントを事前にインストールしておくことで、円滑に移行を進めることができます。これらのインストール方法については第3章を参照してください。

The Practical Guide to Server Virtualization for Proxmox VE | CHAPTER 8

# 8-3 | 仮想マシンの移行

　ここでは、仮想マシンの実際の移行手順を、方式別に説明していきます。最初に、仮想ハードディスクのインポートによる汎用的な移行手順を、LinuxとWindowsに分けて紹介します。続いてOVFインポートによる移行方法、最後にProxmox VEのWeb管理ツールのインポートウィザードによる移行手順を説明します。

## 8-3-1
## 仮想ハードディスクのインポート—Linux

　この方法は、コマンドを用いて仮想ハードディスクを直接インポートし、移行するというものです。この方法は汎用的であり、vSphereやHyper-V、KVMなどの多くのハイパーバイザーからの仮想マシン移行に利用することが可能です。vSphereからの移行には、専用の方法が用意されています(「8-3-3 OVFを利用した仮想マシンの移行」「8-3-4 Web管理ツールを利用したvSphere上の仮想マシンの移行」で説明します)。ここでは、vSphere以外のハイパーバイザーからのLinux OSのインポートについて解説します。Proxmox VEはKVMを利用していることもあり、コマンドラインの操作ではありますが、シンプルに移行することが可能です。ここでは移行対象として、Rocky LinuxをインストールしたKVMの仮想マシンを利用しています。

**図8-1:仮想ハードディスクインポートのイメージ**

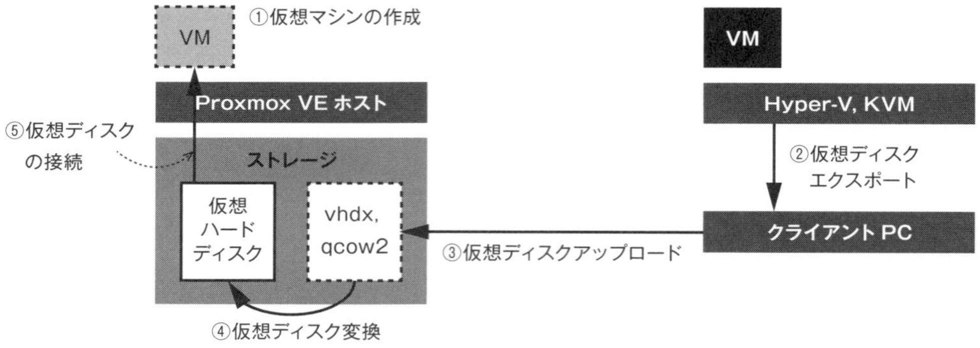

1.SCP(scpコマンド)などで、Proxmox VEホスト上の任意のディレクトリにqcow2形式でエクスポートした仮想ハードディスクファイルを配置します。

194

2.Web管理ツール上でProxmox VEホストのシェルを開く、もしくはSSHでProxmox VE
ホストにログインします。

3.以下のコマンドで、仮想マシンを作成し、同時にディスクのインポートを実行します（コマン
ド内の［ターゲットVMID］は、Proxmox VEで管理対象となる新しい仮想マシンのIDで
す）。コマンドで仮想マシンを作成していることもあり、さまざまな設定を同時に指定可能
です。指定していない設定項目も仮想マシン作成後にWeb管理ツールから変更可能に
なっています。コマンドの主要なオプション（表8-2）とコマンドの例（リスト8-1）を紹介し
ます。

```
qm create [ターゲットVMID] --scsi0 [移行先ストレージ]:0,import-from=[移行元仮想ハード
ディスクのパス],format=qcow2 --boot order=scsi0 --scsihw=virtio-scsi-single
```

**表8-2:上記コマンドの主要なオプション**

| オプション | 値（例） | 内容 |
|---|---|---|
| --name | VM-name | Web管理ツールで表示される仮想マシン名 |
| --sockets | 1 | CPUソケット数 |
| --cores | 2 | CPUコア数 |
| --memory | 4096 | メモリ（MiB） |
| --net0 | virtio,bridge=vmbr0 | ネットワークデバイスの指定 |
| --scsi0 | [移行先ストレージ]:0 | 移行先ストレージ。:0 はイメージファイルを新規作成するオプション |
| | import-from=[移行元仮想ハードディスクのパス] | 移行元仮想ハードディスクの指定 |
| | format=qcow2 | インポート形式の指定。指定なしの場合は raw 形式 |
| --boot | order=scsi0 | ブートデバイスの指定 |
| --scsihw | virtio-scsi-single | SCSI コントローラの指定 |

**リスト8-1:コマンドの例**

```
# qm create 136 --scsi0 PureStorage:0,import-from=/mnt/pve/PureStorage/
tmp/mig-kvm.qcow2,format=qcow2 --boot order=scsi0 --scsihw virtio-scsi-
single
```

```
Formatting '/mnt/pve/PureStorage/images/136/vm-136-disk-0.qcow2',
fmt=qcow2 cluster_size=65536 extended_l2=off preallocation=metadata
compression_type=zlib size=21474836480 lazy_refcounts=off refcount_
bits=16
transferred 0.0 B of 20.0 GiB (0.00%)
transferred 204.8 MiB of 20.0 GiB (1.00%)
transferred 415.7 MiB of 20.0 GiB (2.03%)
…
```

4. インポート完了後、Web管理ツールにて必要に応じて仮想マシン構成を設定します。

5. 移行後は多くの場合、ネットワークアダプタが変更されます。その場合、変更後のゲストOS
   のネットワークアダプタに対して、IPアドレスやサブネットマスク、デフォルトゲートウェイな
   どのネットワーク設定を行う必要があります。移行前と同じ設定にする場合は、事前に控え
   ておいた情報をもとに再設定します。

6. ゲストOSにゲストエージェントがインストールされていない場合は、インストールすること
   で移行が完了となります。このインストールの方法は第3章を参照してください。

## 8-3-2
# 仮想ディスクのインポート―Windows

　続いてこの項では、Windows OSの移行について解説します。移行前にVirtIOドライバをイン
ストールしていない場合は、移行後にインストールする必要があります。その場合は、少し特殊な
手順を含みますので、その部分も解説します。以降の例では、移行対象として、Windows
Server 2022をインストールしたHyper-Vの仮想マシンを利用しています。

1. インポートの準備として、Web管理ツールより、新しい仮想マシンを作成します。その際、
   表8-3のような設定で作成します。SCSIディスクを追加していますが、この設定はSCSIド
   ライバをWindowsに認識させるためのものになっています。

● 8-3 ｜ 仮 想 マ シ ン の 移 行

**表8-3:仮想マシンの設定内容**

| 設定名 | 設定項目 |
|---|---|
| 全般 | ・仮想マシン名を指定 |
| OS | ・メディアを指定しない<br>・ゲスト OS：Windows |
| システム | ・BIOS：OVMF(UEFI)<br>・EFI ディスクの追加とストレージの指定 |
| ディスク | ・初期ディスクを削除<br>・ディスクの追加<br>　- バス／デバイス：SCSI<br>　- ディスクサイズ：1 (GiB) |
| CPU ／メモリ／ネットワーク | ・システムに合わせて |

2. Web管理ツール上でProxmox VEホストのシェルを開く、もしくはSSHでProxmox VE
ホストにログインします。

3. 仮想ディスクファイルが配置されているディレクトリに移動します。NFSで構成している場
合は、以下のパスに移動します。

```
cd /mnt/pve/[ストレージ名]/[移行元仮想マシン名]
```

4. 次のコマンドでインポートを実行します（コマンドの例はリスト8-2）。ターゲットの
[VMID]はProxmox VEで管理されるIDです。作成した仮想マシンのVMIDを入力しま
す。[ターゲットストレージ]には、コンテンツタイプの「ディスクイメージ」が有効になってい
るストレージを任意で選択可能です。--format以降はオプションです。任意のファイル形
式を指定できますが、Proxmox VEではストレージタイプに応じてrawまたはqcow2を
選択します。

```
qm disk import [VMID] [仮想ディスクファイル] [ターゲットストレージ] --format raw or
qcow2
```

**リスト8-2:コマンドの例**

```
# qm disk import 138 /mnt/pve/PureStorage/tmp/mig-hyperv.vhdx PureStorage
--format qcow2
importing disk '/mnt/pve/PureStorage/tmp/mig-hyperv.vhdx' to VM 138 ...
Formatting '/mnt/pve/PureStorage/images/138/vm-138-disk-0.qcow2',
```

```
fmt=qcow2 cluster_size=65536 extended_l2=off preallocation=metadata
compression_type=zlib size=136365211648 lazy_refcounts=off refcount_
bits=16
transferred 0.0 B of 127.0 GiB (0.00%)
transferred 1.3 GiB of 127.0 GiB (1.00%)
transferred 2.5 GiB of 127.0 GiB (2.00%)
transferred 3.8 GiB of 127.0 GiB (3.00%)
…
```

5. Web管理ツールにてインポートした仮想ハードディスクは未使用のディスクとして認識されているので、そのディスクを選択して[編集]をクリックします。

6. バスの種類としてIDEまたはSATAを選択して、[追加]をクリックします。

7. 「CD/DVDドライブ」より、VirtIOドライバのISOをマウントします。ISOは事前にProxmox VEに接続しているストレージにアップロードしておく必要があります。Web管理ツールからストレージを選択し、「ISOイメージ」を選択すれば、ISOのアップロードが可能です。

8．［オプション］→［ブート順］→［編集］をクリックします。

9．追加したディスクを「1」に昇格させ、［有効］のチェックボックスにチェックを入れます。

10．仮想マシンを起動します。

11．CDドライブよりVirtIOドライバとゲストエージェントをインストールします。

12．仮想マシンをシャットダウンします。

13．Web管理ツールより、「size＝1G」で作成したSCSIディスクをデタッチし、削除します。

14. IDEまたはSATAでアタッチしている起動ディスクをデタッチし、再度SCSIでアタッチします。

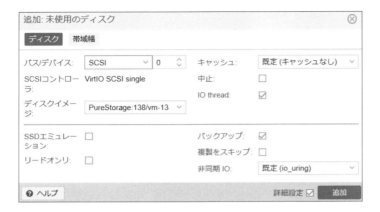

15. [オプション]→[ブート順]→[編集]をクリックします。

16. SCSIの起動ディスクを「1」に昇格させ、[有効]のチェックボックスにチェックを入れます。

17. 仮想マシンを起動すると、SCSIディスクが認識され、正常に起動できます。

18. 移行後は多くの場合、ネットワークアダプタが変更されるので、変更後のネットワークアダプタに対してネットワーク設定を行います。移行前と同じ設定を入れる場合は、事前に控えておいた情報をもとに再設定します。Windowsの場合は、IPアドレスを設定する際に、以前のネットワークアダプタを削除するかを確認するポップアップが表示されます。このポップアップから削除することもできますが、デバイスマネージャから削除することも可能です。

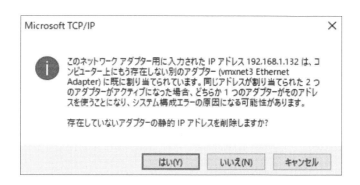

### 8-3-3
# OVFを利用した仮想マシンの移行

続いてはOVFを用いた移行方法です。これはProxmox VE環境とvSphere環境間でネットワークがつながっていない場合に有用な移行方法となり、主にProxmox VEホストのCLI上で操作を行います。事前にvSphere環境からOVFをエクスポートし、Proxmox VEのストレージにアップロードしておきます。その後、コンソールからCLIを実行することによって、OVFをProxmox VEにインポートします。

Proxmox VE 8.3より、OVA/OVFファイルのインポートがWeb管理ツールで可能になりました。インポート機能を有効化したファイルベースのストレージへOVA/OVFファイルをWeb管理ツールからアップロードすることで、OVA/OVFファイルのインポートを実施できます。詳しくは、公式ドキュメントを参照してください。

●参考URL：「Import Wizard」
https://pve.proxmox.com/pve-docs/chapter-qm.html#_import_wizard

**図8-2:OVFを利用した移行イメージ**

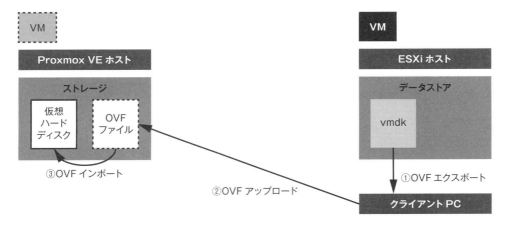

1. SCPなどでProxmox VEホスト上の任意のディレクトリにOVFファイルを配置します。

2. Web管理ツール上でProxmox VEホストのシェルを開く、もしくはSSHでProxmox VEホストにログインし、.ovfファイルがあるディレクトリに移動します。[仮想マシン名].ovfとvmdkファイルが存在することを確認します。

3. 以下のコマンドでOVFをインポートします（コマンドの例はリスト8-3）。

```
# qm importovf [VMID] [仮想マシン名].ovf [移行先Proxmox VEストレージ] --format raw or vmdk or qcow2
```

　移行先のターゲットストレージはコンテンツタイプ「ディスクイメージ」が有効になっているストレージを任意で選択可能です。--format以降はオプションです。任意のファイル形式を指定できます。Proxmox VEで利用するストレージタイプによって、利用できる機能が異なるので、利用環境に適したフォーマットを選択します。機能の差異は第5章を参照してください。

**リスト8-3:コマンドの例**

```
# qm importovf 112 mig-windows1.ovf PureStorage --format qcow2

Formatting '/mnt/pve/PureStorage/images/112/vm-112-disk-0.qcow2',
fmt=qcow2 size=96636764160 preallocation=off
transferred 0.0 B of 90.0 GiB (0.00%)
```

```
transferred 921.6 MiB of 90.0 GiB (1.00%)
transferred 1.8 GiB of 90.0 GiB (2.00%)
transferred 2.7 GiB of 90.0 GiB (3.00%)
…..
```

4. インポートが完了した後、Web管理ツールから仮想マシンを構成します。Proxmox VEのベストプラクティス（下記URLの内容）に沿って構成変更を進めていきます。

    https://pve.proxmox.com/wiki/Migrate_to_Proxmox_VE#Best_practices

    a. Web管理ツールよりインポートした仮想マシンを選択します。
    b. ハードウェアを選択します。
    c. [追加]をクリックし、「ネットデバイス」を構成します。
    d. ハードウェア画面にて、プロセッサを選択し、[編集]をクリックします。Proxmox VEホストのCPU世代に合わせたCPUタイプを設定します。
    e. ハードウェア画面にて、SCSIコントローラを選択し、[編集]をクリックします。「VirtIO SCSI single」に設定します。
    f. ゲストOSがWindowsであり、OVFを作成する前にVirtIOドライバをインストールしていない場合、ディスクバスの種類をIDEまたはSATAに切り替える必要があります。ハードウェア画面にて、ハードディスクを選択し、[分離]をクリックします。

    g. 分離後に再度ハードディスクを選択し、[編集]をクリックします。バスの種類としてIDEまたはSATAを選択し、構成します。

h.「8-3-2 仮想ディスクのインポート—Windows」を参考に、サイズが１GのSCSIディスクを追加し、VirtIOドライバをインストールします。
i. 移行後は多くの場合、ネットワークアダプタが変更されているので、変更後のネットワークアダプタに対してネットワーク設定を行います。移行前と同じ設定にする場合は、事前に控えておいた情報をもとに再設定します。これで移行は完了です。

### 8-3-4
## Web管理ツールを利用したvSphere上の仮想マシンの移行

ここで説明する方法は、Proxmox VEのWeb管理ツールのみで移行の操作が完結します。移行元のESXiのバージョンは6.5〜8.0をサポートします。注意点としては、vSANデータストアを使用している仮想ハードディスクを有する仮想マシンのインポートはできません。したがって、仮想マシンの仮想ハードディスクはvSAN以外のものに移動しておきます。また、「＋」などの特殊文字を含むデータストアからのインポートはできない可能性があります。事前にデータストア名を変更しておくことで対処が可能です。スナップショットは、万が一の際にロールバックできるようにしておくため、取得することを推奨しますが、インポート時のパフォーマンスに影響が出る場合があるため、環境に合わせて検討します。テスト用仮想マシンでの事前検証を推奨します。

**図8-3:Web管理ツールを利用した移行イメージ**

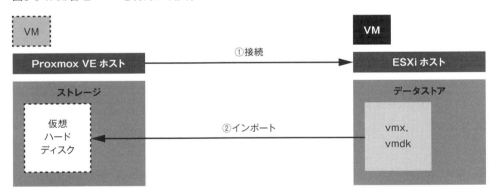

1. 最初に移行元のESXiホストをストレージとしてProxmox VEに追加します。
   Proxmox VEのWeb管理ツールで［データセンター］→［ストレージ］→［追加］から、ESXiホストの資格情報を入力します。自己証明書を利用している場合は［Skip Certificate Verification］を有効にします。vCenter Serverを登録することも可能ですが、その場合はインポート時のパフォーマンスが大幅に低下するので、ESXiホスト単位での登録が推奨されます。

2. 左ペインにあるリソースツリーから、追加したESXiホストを選択します。ESXiホストが利用しているストレージ、およびその配下にある仮想マシンのvmxファイルが表示されます。移行する仮想マシンを選択し、[インポート]をクリックします。

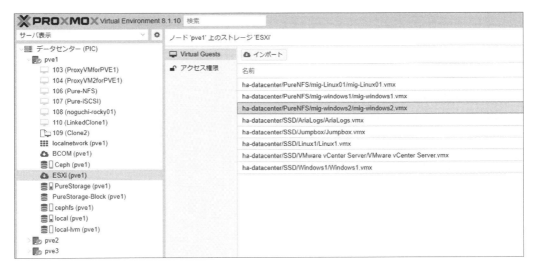

3. インポート画面の[全般]タブでは、移行先の仮想ディスクのターゲットストレージとネットワークを選択します。「VM ID」は自動で付与されます。CPUやメモリの割り当ては自動で、移行元仮想マシンの値が読み込まれます。CPUタイプは、クラスタ内のProxmox VEホストすべてが同じ世代のCPUを利用している場合は「host」を指定することで、最大限のパフォーマンスを発揮します。その他の選択肢として、特定のCPU世代を指定することや特定のCPU世代以上と互換性のあるCPUタイプを選択することができます。ただし、将来的に同一クラスタ内に新しいCPU世代が混在する場合には、ライブマイグレーションができない場合があります（各CPUタイプの詳細については第3章で確認できます）。

また、[Live Import]を有効にすると、インポートプロセス中に仮想マシンが起動するので、ダウンタイムの短縮が期待できますが、I/Oパフォーマンスの低下やデータ損失のリスクにつながる可能性もあるので、この後の解説を読んだ上で利用を検討してください。

4. [詳細設定]タブでは、より細かい設定が可能です。ディスクごとにターゲットストレージを選択できて、複数のネットワークデバイスに対する設定、CDドライブの設定を構成することができます。ここで指定するハードウェアの設定は、インポート完了後でも変更可能です。

5. [Resulting Config]タブでは設定済みの構成を確認できます。これで移行の準備は整ったので、このタイミングで移行元の仮想マシンをシャットダウンします。

6. すべての準備ができたら［インポート］をクリックして実行します。インポート中の状態は画面に出力されるので、処理状況を確認することができます。

7. Windows OSの仮想マシンを移行し、事前にVirtIOドライバをインストールしていない場合は、「8-3-2 仮想ディスクのインポート―Windows」を参考にサイズが1GのSCSIディスクを追加し、VirtIOドライバをインストールします。

8. 移行後は多くの場合、ネットワークアダプタが変更されるので、変更後のネットワークアダプタに対してネットワーク設定を行います。移行前と同じ設定にする場合は、事前に控えておいた情報をもとに再設定します。これで移行は完了です。

　Web管理ツールでの仮想マシン移行の解説は以上ですが、途中で触れたLive Import機能について紹介します。［全般］タブで［Live Import］のチェックボックスにチェックを入れると、インポート中に仮想マシンが起動します。内部的な処理としては、Proxmox VEのストレージにvmdkファイルがコピーされ、vmdk-flatファイルを参照します。このとき仮想マシンが起動し、その後の処理でProxmox VEのストレージに仮想ディスクが移行します。移行先の仮想ハードディスク形式はvmdkに限定されず、qcow2やraw形式にも対応しています。

**図8-4:Live Importの処理**

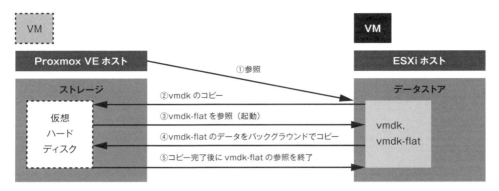

　Live Import機能を利用すると、仮想マシンのダウンタイムは減少させることができます。ただし、移行中にエラーが発生すると、それまでに移行先の仮想マシンに書き込まれたデータは失われるため、業務データの更新など、失われてはいけないデータが含まれるサーバーでの利用は推奨されません。

**図8-5:Live Import中のデータ処理**

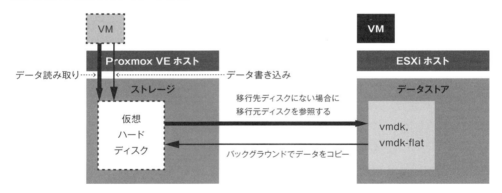

第 **9** 章

The Practical Guide to Server Virtualization for Proxmox VE

# Proxmox VE の
# 周辺ソリューション

Veeam Backup for Proxmox ／ Zabbix ／ HashiCorp Terraform ／ NVIDIA vGPU

第 9 章では、Proxmox VE に関連する代表的なサードパーティソフトウェアとテクノロジーを紹介します。Veeam Backup for Proxmox を用いたデータ保護、Zabbix によるインフラやリソース監視、HashiCorp Terraform を使ったインフラ自動化、そして NVIDIA vGPU を活用した高度なグラフィックスや AI/ML ワークロードの最適化について取り上げます。これらを活用することで、より効率良く、さらに快適に Proxmox VE 環境を運用できるようになるはずです。

この章ではサードパーティ製品について紹介しており、サポートについては各製品の提供元のポリシーに依存します。一部、執筆時点において開発中の機能や非サポートの機能も含まれるため、各製品における Proxmox VE の最新のサポート状況およびサポートポリシーを確認するようにしてください。

●参考 URL
・Veeam Backup for Proxmox：https://www.veeam.com
・Zabbix：https://www.zabbix.com/jp
・HashiCorp Terraform：https://www.terraform.io
・NVIDIA vGPU：https://www.nvidia.com

The Practical Guide to Server Virtualization for Proxmox VE | CHAPTER 9

# 9-1 Veeam Backup for Proxmox

Veeam Backup & Replicationは、Veeam Software（以下、Veeam）社が提供する強力な仮想環境のデータ保護ソリューションです。

エージェントレスバックアップ、柔軟で多彩なバックアップ方式、ファイルレベルリストアといった基本的な機能のほかに、インスタントVMリカバリやポリシー管理などのエンタープライズ環境で求められる多くの機能を備えています。さらに、マルチハイパーバイザーやマルチクラウドをサポートしているため、複雑で大規模な環境にも対応可能です。

## 9-1-1
## Veeam Backup & Replication の構成

Proxmox VEプラグインをインストールすることで、Veeam Backup & ReplicationはProxmox VE環境にも対応します。ただし、執筆時点ではProxmox VE環境においてレプリケーション機能は提供されておらず、バックアップ機能のみが利用できます。

この背景を踏まえ、本章ではVeeam Backup for Proxmox（以下、VBP）と呼称します。

Proxmox VE環境で利用するとき、VBPは以下のコンポーネントで構成されます。

- **Proxmox VE サーバー**

    データ保護対象となるProxmox VEソフトウェアが稼働しているスタンドアロンのホストまたはクラスタです。VBPは、バックアップおよびリストア操作を実行する際に、このProxmox VEサーバーを介して、ストレージコンテナ、ネットワーク、仮想マシン（VM）などのProxmox VE上のリソースにアクセスします。

    VBPでバックアップ可能なProxmox VEのバージョンは8.2以降です。

- **バックアップサーバー**

    バックアップサーバーは、Veeam Backup & ReplicationがインストールされたWindowsベースの物理または仮想マシンです。このバックアップサーバーは、バックアップインフラストラクチャの設定、管理、および運用のコアを担います。そして、バックアップおよびリストア操作の調整、ジョブスケジューリングの管理、リソースの割り当てを制御します。

    バックアップサーバーをはじめとするVBPはVeeam Backup & Replicationバージョン12.2以降でサポートされます。また、Proxmox VEを利用するためのプラグイン

も標準で組み込まれています。

- **バックアップリポジトリ**

　バックアップリポジトリは、VBPがデータ保護対象のProxmox VE仮想マシンのバックアップを保存するためのストレージです。VBPは、バックアップリポジトリと通信するために、データの処理と転送を担当するWindowsにインストールされたVBPのサービスであるVeeam Data Mover(VeeamTransportSvc)を使用します。

　デフォルトでは、Veeam Data Moverはリポジトリ自身で動作しますが、リポジトリがVeeam Data Moverをホストできない場合、ゲートウェイサーバーと呼ばれる専用コンポーネントで起動し、バックアップサーバーとワーカーを「橋渡し」します。

- **ワーカー**

　ワーカーは、Proxmox VEホスト上に配置されるLinuxベースの仮想マシンであり、バックアップリポジトリとのデータ転送時にバックアップ作業負荷を処理します。ワーカーは、データのバックアップやリストアの際に重要な役割を果たします。

　VBPで処理できるタスク数はワーカーのスペックに影響されます。また、スペックと合わせてバックアップ対象となる環境内のネットワークトラフィックのスループットも考慮して、同時タスク数を設定する必要があります。

**図9-1：Veeam Backup for Proxmox を構成するコンポーネント**

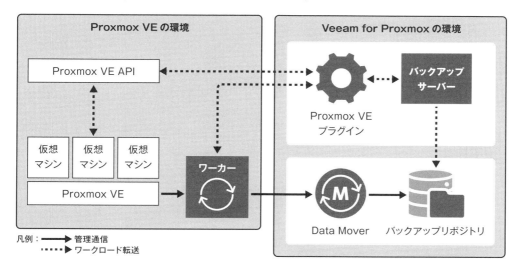

## 9-1-2

# Veeam Backup for Proxmoxの特徴と Proxmox Backup Serverとの比較

Proxmox VE標準機能であるProxmox Backup Server(以下、PBS)と比較するために、Veeam Backup for Proxmoxの主な特徴を整理します。

- 柔軟なバックアップ方法:永久増分バックアップ、合成フルバックアップ、アクティブフルバックアップなど、複数のバックアップ方法をサポートする。
- 堅牢なリストア機能:ファイルレベルからフルVMリストアまで対応し、Veeamのワーカーが効率的に処理する。
- クロスプラットフォーム:マルチハイパーバイザー、マルチクラウドをサポートする。プラットフォームをまたいだバックアップやリストアができる。
- 豊富な実績:Veeam Backup & Replicationはエンタープライズ環境における豊富な実績およびそれに基づくナレッジが充実している。

以下にVeeam Backup for ProxmoxとProxmox Backup Serverの機能の比較表を示します。

**表9-1:Veeam Backup for ProxmoxとProxmox Backup Serverの機能の比較**

| 項目 | VBP | PBS |
|---|---|---|
| アーキテクチャ | Windows に構築された Veeam Backup & Replication をベースに、ほかの仮想化環境やクラウドとも統合可能 | Proxmox VE 専用に最適化されたバックアップソリューション |
| サポートするプラットフォーム | マルチハイパーバイザー、マルチクラウドをサポートする | Proxmox VE 環境と Linux ホストのみ |
| バックアップ方式の選択肢 | (表 9-2 を参照) | (表 9-2 を参照) |
| リストア方式の選択肢 | フル VM リストア、ファイルレベルリストア、インスタントリカバリ、クロスプラットフォームリストアが可能 | フル VM リストア、ディスクレベルリストア、ファイルレベルリストアが可能 |
| 管理とモニタリング | Veeam の強力なモニタリングツールを利用可能。バックアップジョブのパフォーマンス分析やボトルネックの特定も容易 | シンプルな Web ベースの管理インターフェースを提供 |

212

| 項目 | VBP | PBS |
|---|---|---|
| スケーラビリティ | スケールアウトバックアップリポジトリやワーカーなどの拡張で、大規模なマルチサイト環境にも対応可能 | Proxmox VE 環境内でのシンプルな構成に適している |
| データ移行 | 異なるプラットフォーム間でのデータ移行をサポート | Proxmox VE 内でのデータ移行に限定 |
| 可用性とリカバリ | 高速なインスタント VM リカバリやファイルレベルリカバリを提供し、高い可用性を実現する | 高速なリストアオプションを提供するが、インスタントリカバリはない |
| サポートとエコシステム | Veeam のエンタープライズ向けサポートや大規模なコミュニティ、豊富なドキュメンテーションにアクセス可能 | Proxmox VE 向けに特化したサポートとドキュメンテーション |

　以下にVeeam Backup for ProxmoxとProxmox Backup Serverのバックアップ方式の比較表を示します。

**表9-2:Veeam Backup for ProxmoxとProxmox Backup Serverのバックアップ方式の比較表**

| 項目 | VBP | PBS |
|---|---|---|
| フルバックアップ | ・ 初回のフルバックアップ後、増分バックアップが基本<br>・ アクティブフルバックアップも実行可能 | ・ 仮想マシンやコンテナ全体のデータを完全にバックアップ |
| 増分バックアップ | ・ 永久増分バックアップと、増分バックアップの形式をサポート | ・ 前回のバックアップ以降の変更データのみをバックアップ |
| 差分バックアップ | × | ・ 直近のフルバックアップ以降の全変更データをバックアップ<br>・ フルバックアップと組み合わせると、リストアが高速 |
| 合成フルバックアップ | ・ ストレージ内で既存データを合成してフルバックアップを作成<br>・ネットワーク負荷が低減 | × |
| アクティブフルバックアップ | ・ 定期的に新しいフルバックアップを作成<br>・ シンプルで高速なリストアが可能 | × |
| ZFS スナップショットバックアップ | × | ・ ZFS ファイルシステムを利用した高速バックアップが可能<br>・ 特に ZFS 環境に最適化 |

- **VBPでのバックアップ方式の補足**

### 1.永久増分バックアップ

　　最初にフルバックアップ（VBKファイル）を作成し、その後は増分バックアップ（VIBファイル）を連続して作成します。新しいリストアポイントを追加するたびに、保持ポリシーに従って古いリストアポイントを削除し、バックアップチェーンを更新します。

　　ストレージの使用効率が高く、最新のフルバックアップを常に維持します。

### 2.増分バックアップ

　　最初にフルバックアップを作成し、その後は増分バックアップを定期的に作成します。定期的にアクティブフルバックアップや合成フルバックアップを実行し、バックアップチェーンを短いシリーズに分割します。

　　複数のフルバックアップを保持するため、信頼性が高まりますが、ストレージの消費が増加します。

### 3.アクティブフルバックアップ

　　バックアップ対象のデータ全体を再度取得し、新しいフルバックアップを作成します。これにより、新しいバックアップチェーンが開始されます。

　　最新のフルバックアップを取得するため、信頼性が高まりますが、ネットワーク帯域幅やバックアップ対象のリソースの消費が増加します。

### 4.合成フルバックアップ

　　既存のバックアップファイルを使用して、新しいフルバックアップを合成します。ソースのデータストアからデータを再取得せずに、バックアップリポジトリ内のデータを活用します。

　　ネットワーク帯域幅の使用を抑えつつ、フルバックアップを作成できますが、その作成速度はバックアップリポジトリのI/O性能に依存します。

## 9-1-3

# 仮想マシンのバックアップとリストア

　VBPは、一般的なバックアップに加え、多様なバックアップオプションとリストア機能を提供し、Proxmox VE環境の可用性と効率を向上させます。環境や業務要件に応じたバックアップオプションにより、柔軟なデータ保護が可能です。

　以下にバックアップの流れを示します。なお、以降で示すスクリーンショットは概念や一連の流れを理解しやすくするためのものであり、すべての手順を示すわけではありません。

1.VBPのコンソールからバックアップジョブを作成します。

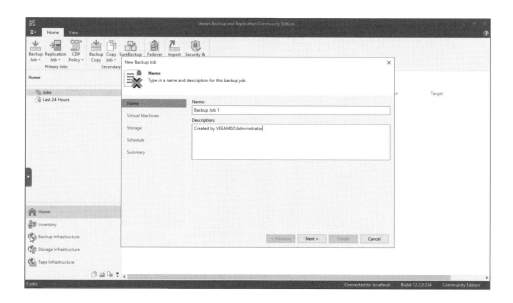

2.Proxmox VE上に存在する仮想マシンを指定して追加します。

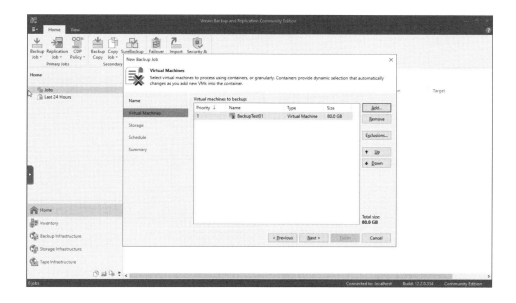

3. バックアップの頻度やスケジュール、その他オプションを指定し、バックアップジョブを作成します。

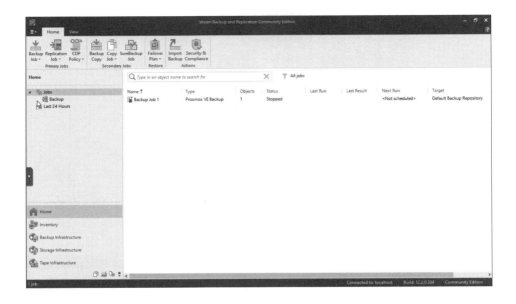

4. 作成した任意のバックアップジョブに対して［Start］を実行することでバックアップが開始されます。このとき、仮想マシンを起動したままでもオンラインバックアップを取得することが可能です。

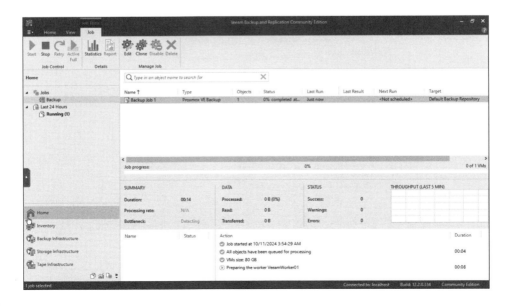

9-1 Veeam Backup for Proxmox

5. バックアップジョブの[Job progress]が100%になるとバックアップの取得が完了します。

次にリストアの流れを示します。

1. 取得したバックアップファイルを選択した状態で、[Restore entire VM to Proxmox VE...]を選択します。

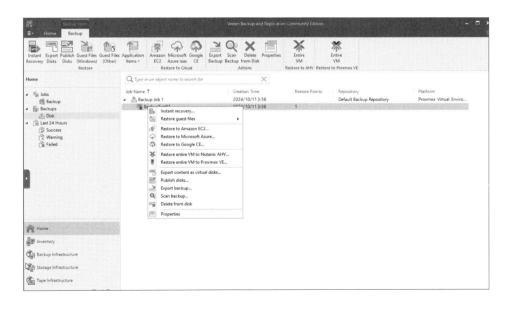

217

2. どの時点のバックアップ取得ポイントに戻すか、リストア先をどこにするかなど、さまざまなオプションから要件に合致するものを指定し、リストアを開始します。

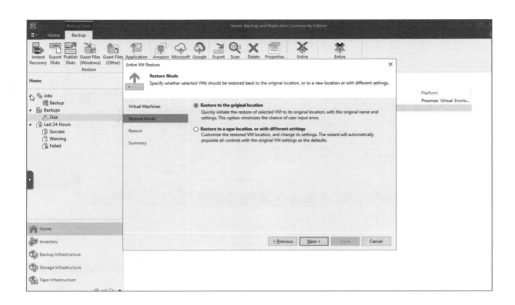

3. リストアが完了するとサマリーが表示されます。これでリストアが完了したことになります。

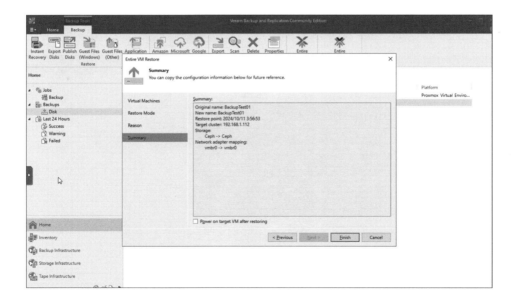

## 9-1-4
# インスタント VM リカバリ

インスタントVMリカバリは、バックアップファイルが格納されたストレージを直接ハイパーバイザーにマウントすることで、仮想マシンを迅速に起動させ、システムを即座に復旧することを可能にします。

また、Proxmox VEだけでなく、VMware vSphere、Nutanix AHV、Microsoft Hyper-Vなど他の仮想化プラットフォームにも対応しており、異なる環境間での柔軟な運用を実現します。また、プラットフォーム間でのディスクの形式の違い（qcow2やvmdk、vhdxなど）も調整されるため、互換性が保たれます。

以下にProxmox VEで取得したバックアップファイルに対してVMware vSphere上でインスタントVMリカバリを行うための流れを示します。

1. 対象となるバックアップファイルを選択し、[Instant recovery...]を実行します。

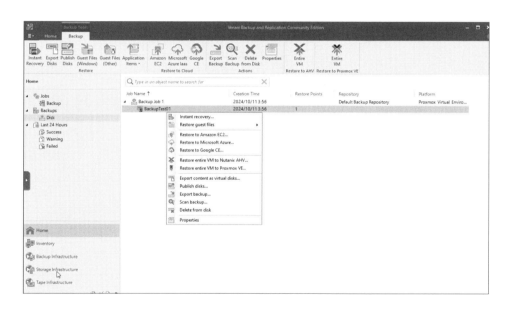

2. インスタントVMリカバリの復旧先となる場所を指定します。ここでは、VMware vSphereのホスト、フォルダ、リソースプール、接続先ネットワークなどを指定しています。

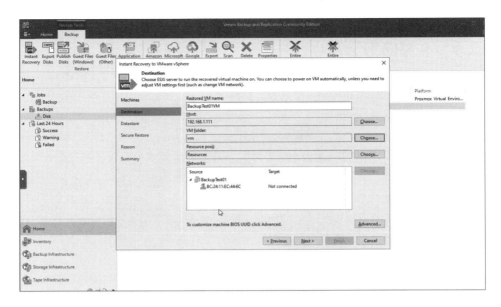

3. その他、ウィザードで要求される項目を指定すると、インスタントVMリカバリの動作が開始
します。

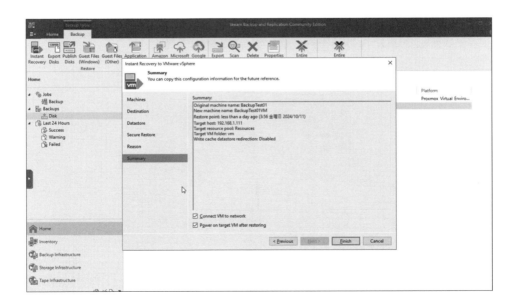

4. VMware vSphere側にVBP環境がマウントされます。

5. インスタントVMリカバリが進行し、仮想マシンが起動します。

　※VMware Toolsはインストールされていないので、必要に応じてインストールします。

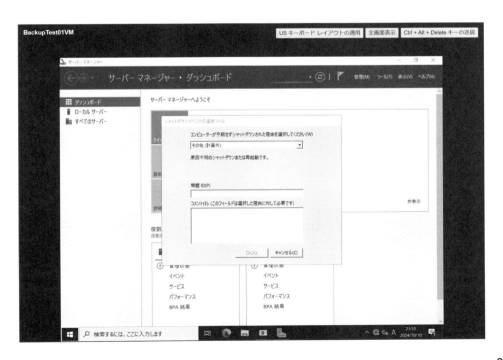

### 9-1-5
# ファイルレベルリストア

　VBPは、仮想マシン全体のリカバリに加え、特定のファイルやディレクトリを選択してリカバリするファイルレベルリストアもサポートしています。これは、誤って削除したファイルの復旧などに役立ちます。

　ファイルレベルリストアには、Proxmox VEのQEMUゲストエージェントが必要です。これにより、仮想マシンの内部ファイルシステムにアクセスし、効率的なデータ復旧が可能になります。QEMUゲストエージェントが無効の状態ではIPアドレスの取得に問題が生じるため、事前設定を確認し、有効にしておく必要があります。

**図9-2:ゲストOSにQEMUゲストエージェントをインストールしたことで、「IPs」にIPアドレスが表示されている仮想マシンのサマリー画面**

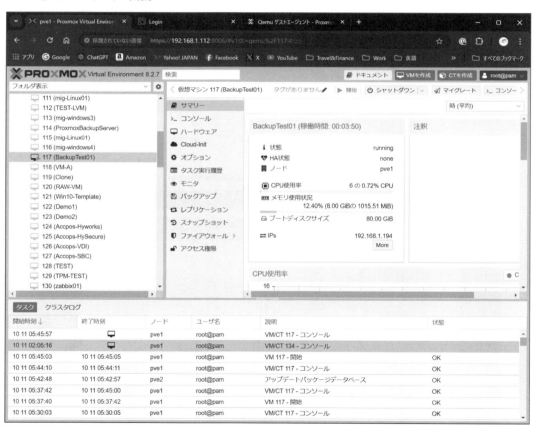

また、VBPは異なる仮想化プラットフォーム間でのファイルリストアもサポートしており、エンタープライズ環境におけるデータ共有やリカバリ作業を効率化します。なお、Windows以外のOSでファイルレベルリストアを行う場合は、別途ヘルパーアプライアンスが必要です。ファイルレベルリストアを行う際、通信要件として「TCP:22」が利用できる状態になっていなければなりません。その他の通信要件についてはVeeamの製品ドキュメントを参照してください。

●参考URL

https://helpcenter.veeam.com/docs/vbproxmoxve/userguide/used_ports.html

以下にVBPにおける基本的なファイルレベルリストアの流れを示します。

1. 取得したバックアップファイルを選択した状態で、[Restore guest files]を選択します。

2. どの時点のバックアップ取得ポイントに戻すかを指定します。

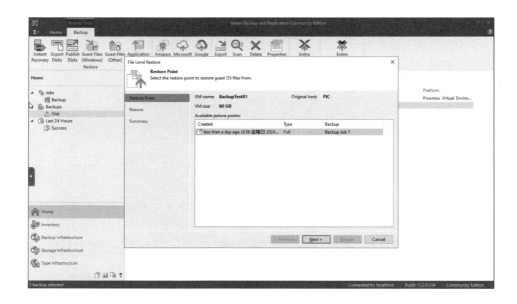

3. バックアップファイルが参照可能な状態になり、リストアしたい個別のファイルを選択できるようになります。ファイルを指定し、リストアの方式を選択します。

4.指定したパスに対象のファイルがリストアされていることが確認できます。

# 9-2 | Zabbix

　Zabbixは、広範囲にわたるITインフラをリアルタイムで監視できるオープンソースの監視ツールです。Proxmox VE環境においてZabbixを導入することで、システム全体のリソース使用率やパフォーマンスを詳細かつ柔軟に監視でき、障害が発生した際の迅速な対応が可能となります。

## 9-2-1
## Zabbixの監視方式

　Zabbixでは、HTTP APIを使うエージェントレス方式と、エージェントを利用する方式の2つをサポートしており、物理ホスト、仮想マシン、コンテナのリソース消費やネットワーク状態をリアルタイムで把握できます。

　これら2つの方式のうち、HTTP APIを利用して監視する方法では、Proxmox VEのクラスタ

全体や、個々の仮想マシン、コンテナの詳細な情報の監視が可能です。

　一方、エージェントはPromox VEの各ホストにインストールして使う小さなプログラムです。エージェント方式では、Proxmox VE環境における物理ホストの情報や状態は取得可能ですが、ハイパーバイザーとしてその上で稼働する仮想マシンについては情報の取得・監視などはできません。

　そのため、本章ではHTTP APIを利用した方式を中心に紹介します。

## 9-2-2

# Proxmox VE の標準監視機能と Zabbix の比較

　Proxmox VEには標準で基本的な監視機能が備わっていますが、Zabbixと比較すると以下のような違いがあります。

**表9-3:Proxmox VEの機能とZabbixとの比較**

| 機能 | Proxmox VE 標準監視機能 | Zabbix |
|---|---|---|
| 監視範囲 | Proxmox VE内の基本的なリソース監視（CPU、メモリ、ディスク、ネットワーク） | 横断的かつ広範な監視範囲（OS、アプリケーション、ネットワークデバイス、クラウドサービス） |
| カスタム監視項目の追加 | 限定的 | 柔軟なカスタム監視項目の追加が可能 |
| アラートと通知 | 基本的なアラート機能 | 詳細な条件設定が可能なアラートと多様な通知手段 |
| 視覚化と分析 | シンプルなグラフ表示 | 高度なダッシュボードとデータ視覚化機能 |
| スケーラビリティ | 小〜中規模環境向け | 大規模環境にも対応可能 |
| 標準の監視データ保持期間 | （ドキュメント明記なし） | ヒストリは90日。トレンド、イベント履歴、アクション履歴は1年間 |

　Zabbixは、Proxmox VE標準の監視機能に比べて、監視項目のカスタマイズやスケーラビリティに優れています。また、大規模なインフラストラクチャや複雑な環境での使用に適しており、豊富なアラート設定や高度な視覚化機能を提供します。

　一方で、Proxmox VE標準機能は、小規模から中規模環境での基本的な監視には十分ですが、さまざまな製品やサービスを包括的に監視することが求められる複雑な要件にはZabbixなどの監視ソリューションの導入が望ましいでしょう。

## 9-2-3
## Proxmox VE の事前準備

まず、ZabbixからProxmox VEのAPIを利用するためのユーザーを作成します。ユーザーやトークンを設定する際は、セキュリティの観点から権限や範囲については必要に応じて適切なものを選択するようにしましょう。

ZabbixからProxmox VEを監視するために必要な権限は、Zabbixテンプレートのドキュメントに記載があります。

**表9-4：ZabbixからProxmox VEを監視するために必要な権限**

| | 対象リソース | 必要な権限 |
| --- | --- | --- |
| システム全体の情報の取得 | / | Sys.Audit |
| ストレージの情報の取得 | /storage | Datastore.Audit |
| 仮想マシンの情報の取得 | /vms | VM.Audit |

※ https://git.zabbix.com/projects/ZBX/repos/zabbix/browse/templates/app/proxmox?at=release/7.0

ここでは例としてzabbix_adminというユーザー名で作成します。

［アクセス権限］から［ユーザ］→［追加］を選択し、必要な範囲のパスを指定します。このとき［ユーザ］には「zabbix_admin@pam（@以降は使用中のドメイン）」を指定します。［ロール］は「PVEAuditor」を選択しました。

次にzabbix_adminのAPIトークンを作成します。[APIトークン]のメニューから[追加]を選択し、「zabbix_admin@pam」を指定します。任意の名称でトークンIDを入力します。

トークンが作成されると、トークンIDとそれに紐づくシークレットが発行されます。シークレットはこのときのみ表示されるので、十分注意してメモを取るようにします。再表示はできないため、失念した場合はトークンの再作成が必要です。

保存したトークンIDとシークレットはZabbix側に入力するため保存します。

### 9-2-4
# Zabbix への Proxmox VE の追加

次に、ZabbixのWebインターフェースからホストを作成します。以下の手順では、クラスタ内の

すべてのホストを個別に追加する必要があります。

まずは、[ホスト]の設定画面でZabbixから解決可能なFQDNあるいはIPアドレスを入力します。

以下に[マクロ]画面で以下の内容を設定します。

- {$PVE.TOKEN.ID}:先ほど作成したAPIトークンのID（例:USER@REALM!TOKENID）
- {$PVE.TOKEN.SECRET}:APIトークンのシークレット
- {$PVE.URL.HOST}:Proxmox VEのホスト名またはIPアドレス
- {$PVE.URL.PORT}:Proxmox VEのAPIポート（デフォルトは8006）

## 9-2-5

# テンプレートの設定

　Proxmox VEを監視するためのZabbixテンプレートは、Proxmox VEのHTTP APIを介して、ホストや仮想マシンの状態、リソースの使用状況を取得・監視するために利用されます。

　テンプレートを利用することで、Proxmox VE環境のリソースの監視、仮想マシンの監視、ノードステータスの監視、トリガーとアラートなどを設定することが簡単になり、問題が発生した際も迅速に対応できるようになります。

　テンプレートを利用して設定できる代表的なメトリクスに、次のようなものがあります。

- **Proxmox VE物理ホスト用テンプレートのメトリクス**
    - CPU使用率:総CPUおよび各コアの使用率
    - メモリ使用率:使用メモリ、スワップ、キャッシュメモリなど
    - ディスクI/O:読み取り／書き込み速度、I/O待ち時間
    - ネットワークトラフィック:各インターフェースの受信／送信バイト数とエラー数
- **Proxmox VE仮想マシン用テンプレートのメトリクス**
    - CPU使用率:各仮想マシンの仮想コア使用率
    - メモリ使用率:割り当てられたメモリの使用状況
    - ディスク使用率:VM内ディスクの使用容量、空き容量
    - ネットワークトラフィック:仮想マシンのネットワーク受信／送信量
- **Proxmox VEクラスタメトリクス**
    - クラスタステータス:ノードの接続状態やクォーラム情報
    - ノード間通信の遅延:レイテンシチェック

　Proxmox VEのバージョンに応じて、Zabbix側のテンプレートも対象バージョンに適したものを選定します。その場合、新規テンプレートのインポートが必要となる場合があります。その際は、ZabbixのWebインターフェースのデータ収集メニューからテンプレートを選択することになります。

　まずは、あらかじめZabbix公式GitリポジトリからProxmox VE用のテンプレートをダウンロードし、インポートします。以下にURLの例を示しますが、環境に応じて適切なバージョンを選定するようにしてください。

https://git.zabbix.com/projects/ZBX/repos/zabbix/browse/templates/app/proxmox?
at=release/7.0

この画面で［インポート］を選択すると、インポートが完了します。

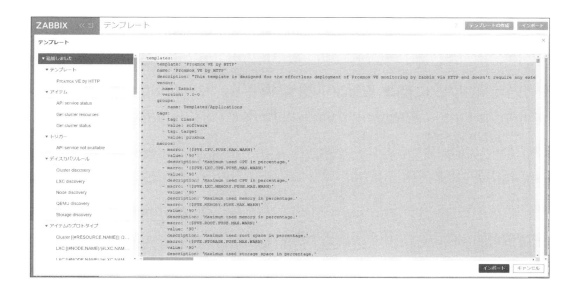

再び［ホスト］の設定画面に戻り、各ノードに対してテンプレートを適用します。これでProxmox VEのHTTP APIを介してテンプレートに基づいたリソース監視ができるようになります。

## 9-2-6
## Proxmox VE に関するリソース監視

　Zabbixによるリソース監視では、Proxmox VE内の物理ホストや仮想マシンのCPU使用率、メモリ使用量、ディスクI/Oなどの重要なメトリクスをリアルタイムで把握できます。これにより、パフォーマンスボトルネックやリソース不足を事前に検出し、予防的な対応が可能となります。

　テンプレートを適用した後、[監視データ]メニューの[ホスト]から、対象となるProxmox VEのノードのグラフを指定すると、主要な項目を確認することができます。

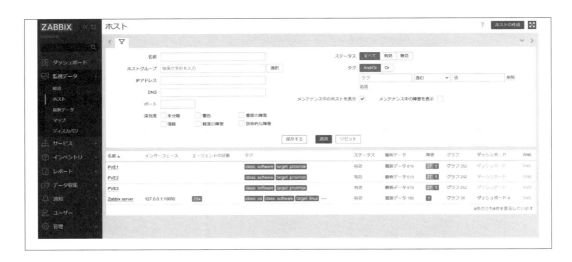

例として、このようにノード単位でのCPU使用率やメモリの使用状況などが表示されます。

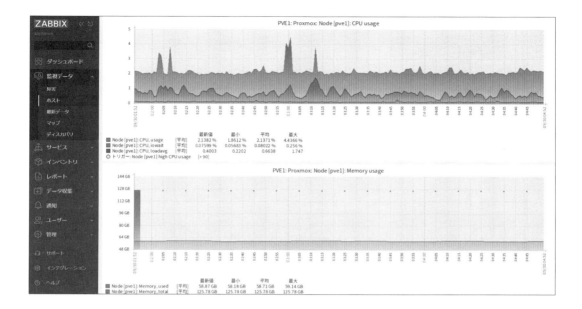

### 9-2-7
## アラートと通知の設定

　Zabbixは、特定の条件が満たされた場合にアラートを発し、管理者に通知します。たとえば、CPU使用率が閾値を超えた場合やディスクの空き容量が少なくなった場合に、メールやSMS、Slackなどを通じて即座に通知が行われます。これにより、迅速な障害対応が可能です。一方で、Proxmox VE標準機能では、メールによる通知とGUIによる表示が主な手段となります。

　ここでは、ZabbixによるProxmox VEの監視中に特定の仮想マシンの稼働が停止した場合、Microsoft Teamsへ通知するという設定の例を示します。

この場合、事前に通知するためのメディアタイプおよびトリガーの設定が必要です。

# 9-3 | HashiCorp Terraform

この節では、HashiCorp社が提供するHashiCorp Terraform（以下、Terraform）を利用した、Proxmox VEにおけるリソースのプロビジョニングと管理の方法について具体的な例を用いて解説します。Terraformの最大の特徴は、インフラリソースを「Infrastructure as Code（以下、IaC）」として扱い、一貫性のある再現可能なインフラ環境をすばやく構築できる点です。この特徴は、Proxmox VEにおけるインフラリソース（仮想マシンやストレージ、ネットワークなど）のプロビジョニングと管理において非常に有用です。

また、TerraformはProxmox VEだけではなく、オンプレミスやクラウドを問わず、さまざまな環境を横断的に、かつ統一的に管理できるため、運用効率の向上やヒューマンエラーの防止も期待できます。

## 9-3-1
## IT インフラストラクチャの自動化

手作業によるインフラリソースの構築・管理では、エンジニアの経験や気配りに依存する面が多くなりがちで、設定ミスや漏れが発生するリスクも伴います。また、環境が複雑になるほど、管理が難しくなり、異なる環境間あるいはチーム間での一貫性を保つことが困難になります。

これに対して、IaCを導入することで、インフラリソースの設定をコード化し、バージョン管理を行い、再現性のある環境をすばやく構築できるようになります。さらに、レビュー可能なコードでインフラリソースを管理することにより、チーム間での情報共有が簡単になり、属人的なリスクが低減することが期待できます。

IaCの導入には以下のようなメリットが挙げられます。

1. **一貫性の確保:**コード化されたインフラリソース設定により、異なる環境間で設定の一貫性が維持できる。
2. **迅速な展開:**環境構築の自動化により、インフラリソースを迅速に展開できる。
3. **変更管理の簡素化:**バージョン管理システムでコードを管理することにより、誰が、いつ、どのような変更を行ったかを明確に追跡できる。
4. **エラーの削減:**手作業によるミスが減り、安定した運用が可能になる。
5. **共有の簡易化:**コード化することにより、設定内容や手順を具体的にレビューできるようになり、再現性が高まる。

IaCには大きく分類して「宣言型」と「手続き型」の2つがあります。

## ● 宣言型

Terraformに代表される宣言型では「最終的にどのような状態にしたいか」を定義します。手順や操作を個別に指定するのではなく、ユーザーが最終的に必要とする結果や状態を記述します。その後、システムが自動的にその状態を実現するための手順を決定し、実行します。

宣言型のメリットとしては、コードの意図を明確に表現できるため、保守性が高く、環境間での一貫性を保ちやすいことです。さらに変更やアップデートが必要な際も、コードを更新して再適用するだけで、適切な変更を加えてくれます。

## ● 手続き型

Proxmox VE APIをはじめとする各製品・サービスのREST APIやCLIなどを利用する手続き型のアプローチでは「何をどうやって実行するか」を個別に指定します。システムに対して、特定の操作を順序立てて指示し、その結果として状態が変化していきます。手順を順次実行するため、操作の順序が重要です。

手続き型のメリットとしては、細かい制御が可能で、特定の状況や条件に応じて柔軟に対応できることが挙げられます。ただし、操作が複雑になると管理が難しくなり、手順を誤ると一貫性を保てなくなるリスクがあります。

Proxmox VE API以外にもRed Hat Ansibleなどがこの手続き型に該当します。

## 9-3-2

# コミュニティ版 Terraform の概要

本章で取り上げるコミュニティ版Terraformは、Terraform Coreとプロバイダーの2つのコンポーネントで構成されます。

Terraform Coreは、インフラリソースの構成管理や状態管理などを行うエンジン部であり、プロバイダーはProxmox VEやAmazon Web Services（AWS）、Microsoft Azureなど、具体的なプラットフォームに対するAPIの抽象化、データソースの取得などを担当します。

これらが連携することで、Terraformはクラウドサービスやオンプレミス環境を一貫して管理できるようになっています。

Terraformの実行ファイルは、手元のWindows環境やLinux環境に配置し、パスを設定することで、利用可能な状態になります。

一方で、プロバイダーとしては、Terraformのコード実行時（初期化時）にコード内で指定したものか、あるいは適切なものが自動的にダウンロードされ、利用できるようになります。Proxmox VEには有志によるプロバイダーがいくつかあります。本書で示すサンプルとしてはTelmateが提供するプロバイダーを利用しますが、その他にTelmateからフォークしたTerraform-for-

Proxmoxや、bpgが提供するプロバイダーもあります。各プロバイダーのGitHubのURLは下記のとおりです。

●**Telmate**：https://github.com/Telmate/terraform-provider-proxmox
●**Terraform-for-Proxmox**：https://github.com/Terraform-for-Proxmox/terraform-provider-proxmox
●**bpg**：https://github.com/bpg/terraform-provider-proxmox

　提供元が異なるプロバイダーでは、実際の動作にも差異が生じることがあるため、プロバイダーごとのProxmox VEの新バージョン対応や新機能追加、不具合修正の頻度なども考慮した上で、実現したい要件に基づいて検証を行い、導入するプロバイダーを選定することを推奨します。
　Terraformは後述するHCLで作成された.tfファイルを参照し、それに基づいたインフラリソースのプロビジョニングや変更を行います。また、構成管理に利用する変数を格納した.tfvarsファイルを参照することも可能です。
　さらに、Terraformを実行した結果は.tfstateファイルと呼ばれるテキストファイルに格納され、このファイルで現在のインフラの状態を把握できます。

## 9-3-3
# コードによる仮想マシンのプロビジョニング

　宣言型のアーキテクチャを採用するTerraformでは、インフラの状態をコードとして定義しておき、そのコードに基づいて指定されたリソースが構築されます。このコードはHCL（HashiCorp Configuration Language）と呼ばれる独自の言語で記述します。
　以下は、Proxmox VE環境で仮想マシンを作成するTerraformにおけるコードの例とその利用手順です。ここでは、わかりやすい例として仮想マシンをプロビジョニングしますが、プロバイダーによっては仮想ネットワークブリッジやバックアップの設定なども対応可能です。

### 1.Terraformのインストール
　まず、Terraformをインストールします。公式Webサイトから適切な実行ファイルをダウンロードし、システムにパスを通します。

### 2.プロバイダーの設定
　任意のフォルダにTerraform設定ファイル（.tfファイル）を作成し、Proxmox VE用のプロバイダー、ここでは例としてTelmateを指定します。以下のコード例のように、プロバイダーの情報を記述します。

237

```
# ファイル名　：main.tf
# Terraformの設定ブロック
# 必要なプロバイダーを指定する。ここではProxmox用のプロバイダーを使用
terraform {
  required_providers {
    proxmox = {
      source  = "telmate/proxmox"  # Proxmoxのプロバイダーを指定
      version = "3.0.1-rc3"         # 使用するプロバイダーのバージョンを指定
    }
  }
}


# Proxmoxプロバイダーの設定
# Proxmoxに接続するためのユーザー情報とAPIエンドポイントを設定。
provider "proxmox" {
  pm_user         = "root@pam"        # Proxmoxにログインするユーザー
  pm_password     = "password"        # ユーザーのパスワード（セキュリティに配慮）
  pm_api_url      = "https://<IPアドレスまたはFQDN>:8006/api2/json"
                                      # Proxmox APIのURL
  pm_tls_insecure = true   # TLS証明書の検証をスキップ（自己署名証明書を使う場合に有効）
}
```

### 3. リソースの定義

次に、作成する仮想マシンのリソースを定義します。ここでは、仮想マシンの名前、クローン元のテンプレート、ディスクサイズ、ネットワーク設定などを指定します。このコードのファイルに拡張子.tfと適当な名前を付けて保存します。ここでは例としてresource.tfという名前にします。以下がresource.tfの内容です。

```
# ファイル名　：resource.tf
# Proxmox上にQEMUベースの仮想マシンを作成するリソース設定
resource "proxmox_vm_qemu" "tfvm01" {
  name        = "tfvm01"          # 仮想マシンの名前
  target_node = "pve1"            # 仮想マシンをデプロイするProxmox VEノード
  clone       = "ubuntu-24.10"    # クローン元のテンプレート名
  os_type     = "cloud-init"      # Cloud-initを利用して初期化する
  boot        = "order=virtio0"   # 起動順序の設定（最初にvirtio0をブート）
  cores       = 4                 # 仮想マシンに割り当てるCPUコア数
```

```
  memory       = 4096        # 仮想マシンに割り当てるメモリサイズ（MB単位、4GB）

  # 仮想ディスクの設定
  disks {
    # IDEインターフェースの設定（Cloud-init用ディスク）
    ide {
      ide0 {
        cloudinit {
          storage = "local-storage"  # Cloud-init用ディスクのストレージを指定
        }
      }
    }

    # VirtIOインターフェースの設定
    virtio {
      virtio0 {
        disk {
          size      = 20              # 仮想ディスクのサイズ（GB単位）
          cache     = "writeback"     # ディスクキャッシュモード
          storage   = "local-storage" # ディスクを保存するストレージを指定
          iothread  = true            # I/Oスレッドを有効化
          discard   = true            # ディスクの未使用領域を自動で削除
        }
      }
    }
  }

  # ネットワークインターフェースの設定
  network {
    model    = "virtio"   # ネットワークアダプタのモデル（Virtio）
    bridge   = "vmbr0"    # 仮想ネットワークブリッジに接続
    firewall = false      # 仮想マシンのファイアウォールを無効化
  }

  # 仮想マシンの初期化設定
  ipconfig0  = "ip=dhcp"       # DHCPでIPアドレスを自動取得
  ciuser     = "tfuser"        # 仮想マシンのデフォルトユーザー名
  cipassword = "password"      # tfuserのパスワード
}
```

図9-3:TerraformのファイルとHCLの内容の例

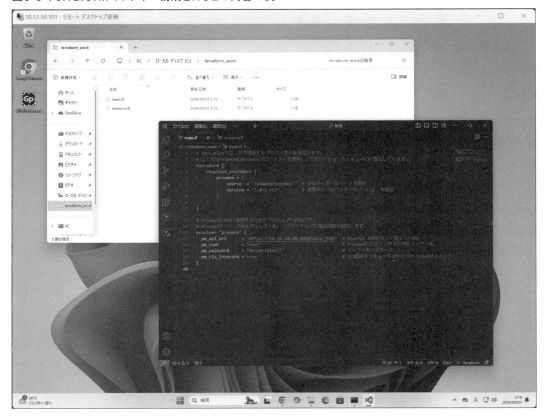

4. **terraform init**による構成ファイルの初期化

コマンドプロンプトにて.tfファイルを作成したフォルダに移動し、**terraform init**コマンドを実行して、プロバイダーのプラグインをダウンロードし、構成ファイルを初期化します。

5. **terraform plan**による実行計画の確認

**terraform plan**コマンドで、Terraformがどのようなリソースを作成・変更するかを確認します。これにより、設定内容に誤りがないかを事前にチェックできます。

6. **terraform apply**によるコードの適用

**terraform apply**コマンドを実行して、設定されたリソース（仮想マシン）をProxmox VE上に作成します。適用前に計画の確認が求められるので、「yes」と入力して適用します。

7. 結果の確認

Terraformが仮想マシンを正常に作成したかどうかを、Proxmox VEのWeb管理ツー

ルやCLIで確認します。

また、Terraform実行環境に.tfstateファイルが生成され、その内容を参照することで現在のTerraformによって管理されているインフラリソースの状態が確認できます。

図9-4：Terraformによってプロビジョニングされた仮想マシンのコンソール

## 9-3-4
## HashiCorp Cloud Platform Terraform（HCP Terraform）

HCP Terraformは、HashiCorp社が提供するクラウドベースのマネージドサービスであり、Terraformを用いたインフラ管理を効率化します。

HCP Terraformは個人でも利用可能ですが、チームでの利用を前提としたアーキテクチャになっており、コミュニティ版Terraformのような各個人環境のセットアップは不要です。外部認証サービス連携やユーザー権限の設定、ポリシー管理、コストの見積もりなど、エンタープライズ向けの高度な機能が標準で提供されるほか、GitHubなどのバージョン管理システムとも連携することで、厳密な変更管理が可能です。コミュニティ版で利用したHCLのコードもそのまま利用することができ、コミュニティ版では難しい「環境ごとの複数バージョンの使い分け」なども簡単に設定できます。

図9-5:HCP TerraformのUI画面

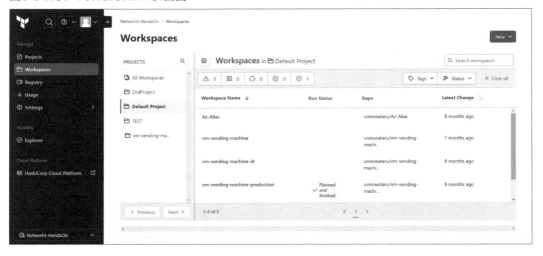

## 9-4 NVIDIA vGPU

　NVIDIA社が提供するNVIDIA vGPUは、サーバーに搭載したGPUのメモリを仮想GPU（vGPU）として分割し、複数台の仮想マシンで高いコア性能を効率的に最大限共有しながら利用可能にする仕組みです。これにより、Proxmox VEによる仮想化環境においても、複数台の仮想マシンから同時にGPUを利用できるようになります。オフィスユーザーのWeb会議やWebブラウザ、動画再生やオフィスソフトなどでCPU負荷を軽減してスムーズな利用を可能にしたり、プロフェッショナルユーザーの精緻な画面描画が求められる仮想デスクトップでの3D CADや映像制作などのグラフィックス処理、あるいはAI/ML（機械学習）や解析といったコンピューティング処理など、仮想化環境での、CPUのみでは困難であるタスクを快適に実行できるようになります。

**図9-6:NVIDIA vGPUは物理的なGPUリソースを複数の仮想マシンで利用するために分割する仕組み**

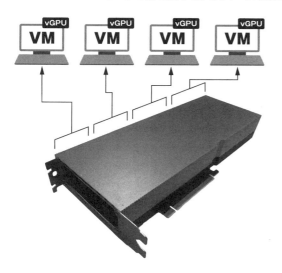

　GPUを仮想化(＝分割)して利用するには、NVIDIA vGPU対応のエンタープライズ向けGPUとNVIDIA vGPUソフトウェアが必要です。少ないGPU枚数で費用を抑えて、複数台の仮想マシンでGPUを利用できるようになります。

　また、GPUを仮想化せずに仮想マシンに直接接続して利用する、GPUパススルーという仕組みも存在します。仮想化されていないことから、複数の仮想マシンから利用・共有することはできず、単一の仮想マシンが占有します。GPUパススルーの場合、仮想マシン1台にGPUを1枚ずつ用意する必要があります。

　その一方でコンシューマー向けのGPU、たとえばGeForce RTX 4060などは、仮想化をサポートしていません。

**図9-7:NVIDIA vGPUとGPUパススルーの違い**

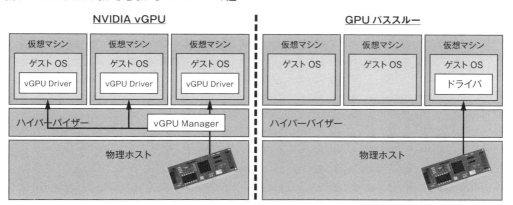

## 9-4-1

# NVIDIA vGPU のコンポーネント

NVIDIA vGPUは、サーバーに搭載したGPUのメモリを仮想GPU（vGPU）として分割し、複数台の仮想マシンへの割り当てを可能にするアーキテクチャを持っています。この割り当て方式は、vGPUプロファイルと呼ばれ、各仮想マシンに適切な機能と性能を提供するために設定されます。vGPUプロファイルによって、vGPUが利用できるGPU内のメモリ（フレームバッファ）や機能などのリソースが変わります。

NVIDIA vGPUを構成する主なコンポーネントは以下のとおりです。

- **GPU**:NVIDIA vGPU機能を実現するための物理的なGPUハードウェア
- **vGPU Manager**:Proxmox VEにインストールし、GPUリソースを管理するためのソフトウェア
- **vGPU Driver:**仮想マシン（ゲストOS）にインストールされ、vGPU機能を利用するためのソフトウェア
- **ライセンスサーバー**:vGPUのライセンス管理を行う仕組み。この仕組みは2種類あり、WebサービスのCloud License Service（CLS）と仮想アプライアンスのDelegated License Service（DLS）から選択

これらのコンポーネントが連携して動作し、GPUリソースの効率的な分配と管理を可能にします。

## 9-4-2

# Proxmox VE 環境での vGPU の設定

Proxmox VE環境でNVIDIA vGPUを利用するには、対応するハードウェアとNVIDIA vGPUのソフトウェアを設定する必要があります。具体的には、ハイパーバイザーであるProxmox VEへの設定、NVIDIA License Systemの設定、仮想マシンへの設定を行います。

vGPUを設定するための流れとしては、主に以下の3つのステップがあります。

①Proxmox VEへの設定:vGPU Managerのインストール
②NVIDIA License Systemの設定:ライセンスサーバーの設定
③仮想マシンへの設定:vGPUプロファイルの割り当て、およびvGPU Driverのインストール

各ステップの詳細な手順は、Proxmox VEの公式WebサイトやNVIDIAのドキュメントを参照してください。また、各ソフトウェアおよびハードウェアの互換性を確認することも必要です。ここでは各ステップの概要を示します。また、[ ]内に各ステップの操作対象となる場所（コンポーネント）を明記しています。

## ①Proxmox VEへの設定:vGPU Managerのインストール

### ①-1:Secure Bootの無効化[物理サーバーのUEFI/BIOS]

Proxmox VE環境においてSecure Bootが有効な環境下では、vGPU Managerやその他のカーネルモジュールは、モジュールへの署名がない限りロードされません。本書のテスト環境ではUEFIにおいてSecure Bootを無効化することでvGPU Managerの動作を確認しています。

### ①-2:PCIeパススルーの有効化[物理サーバーのUEFI/BIOS]

UEFIにおいてIOMMUが有効になっていることを確認します。また、Proxmox VEの/etc/default/grubファイルを編集し、次のカーネルパラメータを設定します。

```
GRUB_CMDLINE_LINUX_DEFAULT="quiet intel_iommu=on"
```

### ①-3:Proxmox VEリポジトリの**no-subscription**設定[Proxmox VE]

Proxmox VEでvGPU Managerを使用する際には、NVIDIAのカーネルモジュールの再コンパイルが必要となることがあります。後述するDKMS(Dynamic Kernel Module Support)の仕組みを利用して、vGPU Managerをインストールしますが、no-subscriptionリポジトリまたはEnterpriseリポジトリを参照して最新版にアップデートすることで最新のDKMSが適用されます。

### ①-4:**最新のパッケージバージョンに更新**[Proxmox VE]

apt update、apt upgradeコマンドで最新パッケージに更新します。

### ①-5:Nouveauドライバの無効化[Proxmox VE]

Nouveauドライバは、オープンソースのProxmox VEにおける代替NVIDIAドライバです。Linuxカーネルに標準で含まれており、基本的なグラフィックス機能を提供します。Nouveauドライバを無効化することで、NVIDIAが提供するvGPU Managerとの競合を避けることができます。

lsmod | grep nouveauコマンドでNouveauドライバがロードされていないことを確認し、必要であれば/etc/modprobe.d/blacklist.confで無効化します。

### ①-6:DKMSの設定[Proxmox VE]

NVIDIAモジュールはProxmox VEのカーネルとは別であるため、新しいカーネルの更新ごとにDKMS(Dynamic Kernel Module Support)を使用して再構築する必要があります。

apt install dkms libc6-dev proxmox-default-headers --no-install-recommendsコマンドでDKMSをインストールします。

### ①-7:vGPU Managerのインストール[Proxmox VE]

NVIDIAのWebサイトからダウンロードしたファイルをProxmox VE環境に転送し、実行可能な権限を付与してから--dkmsオプションを渡してインストールを実行します。

```
chmod +x NVIDIA-Linux-x86_64-525.105.14-vgpu-kvm.run
./NVIDIA-Linux-x86_64-525.105.14-vgpu-kvm.run --dkms
```

①-8:`nvidia-smi`コマンドによる動作確認[Proxmox VE]

正常にインストールが完了している場合、`nvidia-smi`コマンドを実行すると、vGPUの状態が表示されます。

**図9-8:Proxmox VEのシェル画面での`nvidia-smi`コマンドの実行例**

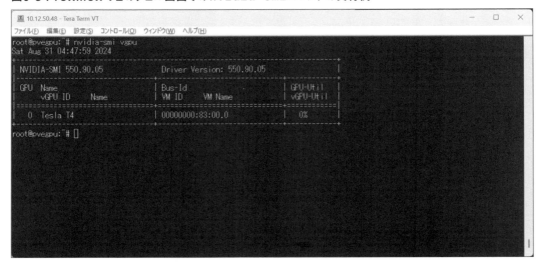

②NVIDIA License Systemの設定:ライセンスサーバーの設定[CLSはWebサイトで設定、DLSはProxmox VE上にデプロイが必要]

NVIDIA vGPUのライセンスサーバーは2種類あります。1つはNVIDIAがSaaS形式でライセンシングの仕組みを提供するCLS(Cloud License Service)、もう1つはオンプレミス環境などにおいてスタンドアロンで利用可能なDLS(Delegated License Service)です。

本書では、仮想マシンがインターネットに接続可能な状態にあることを前提として、CLSによる設定を行いました。ライセンスサーバーのセットアップについてはNVIDIAの公式ドキュメントを参照してください。

●参考URL:「NVIDIA License System Quick Start Guide」
https://docs.nvidia.com/license-system/latest/pdf/nvidia-license-system-quick-start-guide.pdf

③仮想マシンへの設定:vGPUプロファイルの割り当て、およびvGPU Driverのインストール[仮想マシン(仮想ハードウェア)の設定]

③-1:仮想マシンへのvGPUの割り当て

コンソールから対象の仮想マシンを選択します。[Hardware]から[Add]を選択し、[PCI Device]を選択します。

［Raw Device］から物理サーバーに取り付けられているGPUを選択します。このとき
［Mediated Devices］が「Yes」になっていることを確認します。

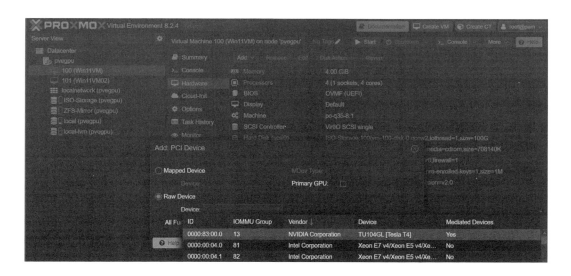

［MDev Type］から割り当てたいプロファイルを選択します。なお、MDevはMediated Devices
（仲介デバイス）を意味します。

### ③-2:vGPU Driverのインストール［仮想マシン（ゲストOS）の設定］

Proxmox VEにインストールしたvGPU Managerと同様にダウンロードパッケージに含まれているvGPU Driverを仮想マシンへインストールします。さらに、CLS用にダウンロードしたClient Configuration Tokenを所定のフォルダ（たとえば C:¥Program Files¥NVIDIA Corporation¥vGPU Licensing¥ClientConfigToken）に格納します。仮想マシンを再起動すると、ライセンスが取得されます。

# 索引

## ■記号／数字

| | |
|---|---|
| .tfstate ファイル | 237, 241 |
| .tfvars ファイル | 237 |
| .tf ファイル | 237 |
| /etc/apt/source.list | 21 |
| /etc/chrony/chrony.conf | 73 |
| /etc/frr/frr.conf | 137 |
| /etc/frr/frr.conf.local | 137, 145 |
| /etc/network | 150 |
| /etc/network/interfaces | 116, 121, 129 |
| /etc/pve | 67, 75, 118, 150 |
| /etc/pve/corosync.conf | 67, 68 |
| /etc/pve/datacenter.cfg | 67 |
| /etc/pve/firewall/ | 67 |
| /etc/pve/ha/ | 67 |
| /etc/pve/lxc/ | 67 |
| /etc/pve/nodes/ | 67 |
| /etc/pve/priv/storage | 179 |
| /etc/pve/qemu-server/ | 67 |
| /etc/pve/storage.cfg | 67 |
| /etc/pve/user.cfg | 67 |
| /etc/sysctl.d | 151 |
| /etc/systemd/network/ | 121 |
| 2+1 ノードクラスタ | 69 |
| 2FA | 5 |
| 2 ノードクラスタ | 69 |
| 2 要素認証 | 5, 38, 188 |

## ■A

| | |
|---|---|
| ACME | 81 |
| Active Directory Server | 35 |
| AGPL v3 | 6 |
| Amazon S3 | 164 |
| API トークン | 188, 228 |

| | |
|---|---|
| AS_PATH | 152 |
| ASN | 152 |
| AUTO _ INSTALLER _ MODE.TOML | 27 |
| Autonomous System Number | 152 |

## ■B

| | |
|---|---|
| Ballooning | 46 |
| BCP | 159 |
| BGP | 137 |
| BGP EVPN | 142 |
| BGP の設定 | 153 |
| Bonding | 123 |
| Border Gateway Protocol | 137 |
| bpg | 237 |
| btrfs | 17, 89 |
| BUS ID | 119 |
| Business Continuity Plan | 159 |

## ■C

| | |
|---|---|
| Ceph | 4, 77, 106, 146 |
| Ceph Cluster Network | 144, 145 |
| Ceph OSD | 144 |
| Ceph Public Network | 118 |
| Ceph RBD | 90, 106, 111, 118 |
| CephFS | 90, 106, 110, 118 |
| Ceph ソフトウェアパッケージリポジトリ | 20 |
| Ceph のデメリット | 111 |
| Ceph のメリット | 111 |
| cidr | 24 |
| CIFS | 3, 89, 104, 105 |
| CIFS のデメリット | 106 |
| CIFS のメリット | 106 |
| Cloud-Init | 50, 88 |
| Cluster Resource Manager | 64, 65 |

249

Community Forum..................................................8, 9
Container ...............................................................88
Container template ............................................88
Controller ........................................................... 137
Corosync...............................3, 64, 65, 116
Corosync Quorum Device .................................. 69
corosync-qdevice................................................ 70
corosync-qnetd...........................................69, 70
country................................................................. 23
CPU...................................................................... 59
CPU タイプ........................................................ 205
CPU の互換性..............................................46, 82
CRM..............................................................64, 65

## ■ D

Debian.....................2, 9, 12, 13, 34, 116, 126
DevOps................................................................. 3
DHCP 機能...................................................... 138
Direct .................................................................. 90
Directory .......................................................89, 93
Dirty Bitmap............................................. 161, 162
Disaster Recovery............................................. 149
Disk Image ......................................................... 88
disk_list .............................................................. 24
DKMS ............................................................... 245
dmesg .............................................................. 122
dns ...............................................................24, 60
DR ............................................................. 149, 162
DVD メディア ....................................................... 15

## ■ E

ebtables ........................................................... 132
ECMP ....................................................... 151, 152
Equal Cost Multi Path....................................... 151
ESXi .................................................................. 204
EVPN...................................... 142, 149, 152
EVPN Zone ............. 137, 142, 150, 154, 155
EVPN-VXLAN ................................................... 149
ext4 ....................................................... 17, 93, 164

## ■ F

FC ...............................................................90-92
filesystem........................................................... 24
Filesystem in User Space ................................. 66
filter.................................................................... 24
filter_match ....................................................... 24
fqdn..........................................................24, 104
Free Range Routing......................................... 139
FRRouting.................................... 137, 139, 149
FUSE ................................................................. 66

## ■ G

gateway............................................................. 24
Git リポジトリ ......................................................... 8
Gluster .............................................................. 92
GlusterFS........................................................... 89
GNU Affero General Public License v3 ........... 6
Gotify ..........................................................39-41
GPU ................................................................. 244
GPU デバイス .................................................... 44
GPU パススルー .............................................. 243

## ■ H

HA ...................................................3, 64, 80, 146
HashiCorp Cloud Platform Terraform .......... 241
HashiCorp Configuration Language............. 237
HashiCorp Terraform ..................................... 235
HA 構成 ......................................................83-84
HA 設定 ......................................................67, 78
HBA................................................................... 94
HCL ......................................................... 237, 240
HCP Terraform.................................................. 241
HTTP プロキシ .................................................. 78
HTTP リクエスト ............................................... 32
hwloc .............................................................. 120
hwloc-ls .......................................................... 120
Hyper-V ........................................................... 196

## I

| | |
|---|---|
| IaC | 235 |
| IEEE 802.1ad | 142 |
| IEEE 802.1Q | 126 |
| IEEE 802.3ad | 123 |
| Import | 89 |
| Infrastructure as Code | 235 |
| initramfs | 121 |
| Intel e1000 | 48 |
| Intel e1000e | 48 |
| ip address | 122 |
| IP Address Management | 138 |
| IP Clos ネットワーク | 152 |
| IP Forward | 130 |
| ip route get | 140 |
| IPAM | 138 |
| IPMI | 15, 27, 128 |
| IPSet | 133 |
| iptable | 132 |
| iSCSI | 3, 90-92, 94 |
| iSCSI Initiator アドレス | 95 |
| iSCSI/kernel | 90 |
| iSCSI/usermode | 90 |
| iSCSI + LVM | 99 |
| iSCSI + LVM のデメリット | 102 |
| iSCSI + LVM のメリット | 101 |
| iSCSI のデメリット | 99 |
| iSCSI のメリット | 99 |
| ISO | 198 |
| ISO Image | 88 |
| ISO イメージ | 14, 15, 26-28, 88 |
| IT インフラストラクチャの自動化 | 235 |

## J

| | |
|---|---|
| Join 情報 | 75 |

## K

| | |
|---|---|
| Kernel-based Virtual Machine | 2 |
| keyboard | 23 |

| | |
|---|---|
| KVM | 2 |

## L

| | |
|---|---|
| LACP | 123-125, 144, 148 |
| LDAP Server | 35 |
| Link Aggregation Control Protocol | 123 |
| Linux Containers | 2 |
| Linux PAM standard authentication | 34 |
| Linux ブリッジ | 126 |
| Live Import | 205, 207, 208 |
| Local Resource Manager | 64, 65 |
| Logical Volume | 99 |
| LRM | 64, 65 |
| LUN | 89, 96 |
| LV | 99 |
| LVM | 90 |
| LVM-Thin | 90, 92, 111 |
| LXC | 2, 3 |

## M

| | |
|---|---|
| MAC アドレス | 119 |
| MAC アドレスプレフィックス | 78 |
| mailto | 24 |
| Maximum Transmission Unit | 118 |
| MC-LAG | 144, 146 |
| Mediated Devices | 247 |
| metric | 150 |
| Microsoft Hyper-V | 219 |
| MLAG | 124 |
| MTU | 118, 137, 151 |
| Multi-chassis Link Aggregation | 124 |
| Multi-Chassis Link Aggregation Group | 144 |

## N

| | |
|---|---|
| NAS へのローカルレプリケーション | 187 |
| NAT | 128, 131 |
| NetApp | 103 |
| NetApp ONTAP | 113 |
| Network Address Translation | 128 |

NFS.................................................3, 89-92, 102
NFS のデメリット.............................................. 103
NFS のメリット................................................. 103
NIC..........................................................18, 47, 121
NIC チーミング................................................... 123
Nouveau ドライバ............................................ 245
noVNC............................................................... 49
Nutanix AHV.................................................... 219
NVIDIA License System........................ 244, 246
NVIDIA vGPU........................................... 242-248
nvidia-smi........................................................ 246

### ■ O

Object Storage Daemon................................. 118
ONTAP.............................................................. 113
Open vSwitch............................................. 4, 126
OpenID Connect Server.................................... 35
Options............................................................. 184
OSD.................................................................. 118
OVA............................................................ 89, 201
OVF............................................................ 89, 201
OVF インポート................................................. 192

### ■ P

PCI Express カード........................................... 148
PCIe パススルー............................................... 245
PMXCFS..................................................... 64, 66
Proxmox Backup Server ⇒ Proxmox BS
Proxmox BS.............................................. 157, 212
Proxmox BS の追加......................................... 170
Proxmox BS の動作要件................................. 159
Proxmox BS の特徴......................................... 160
Proxmox Cluster File System.................... 64, 66
Proxmox Mailing Lists........................................ 8
Proxmox Server Solutions 社............................. 7
Proxmox VE........................................................ 2
Proxmox VE authentication server................. 35
Proxmox VE Firewall....................................... 132
Proxmox VE ソフトウェアパッケージリポジトリ.... 20

Proxmox VE のアーキテクチャ............................... 2
Proxmox VE のソフトウェア構成........................... 2
Proxmox VE の開発コミュニティ........................... 8
Proxmox Virtual Environment............................ 2
proxmox-auto-install-assistant................ 22, 25
proxmox-backup-manager cert info.............. 172
Proxy ARP........................................................ 130
Prune オプション............................................... 166
pve-firewall stop............................................. 135
pveproxy サービス...................................... 32, 33
pveupdate......................................................... 78
Python.............................................................. 28

### ■ Q

qcow2....................................................... 88, 194
QEMU Guest Agent................................. 50, 174
QEMU ゲストエージェント....44, 50, 53, 193, 222
QEMU ゲストエージェントのインストール.......... 55
QinQ Zone........................................................ 142
qm create........................................................ 195
qm importovf................................................... 202
qocw2............................................................... 207
Quorum...................................................... 65, 66

### ■ R

RAID カード....................................................... 94
RAID 構成........................................................... 4
raw............................................................ 88, 207
RBAC................................................................... 5
Realtek RTL8139.............................................. 48
reboot_on_error................................................ 24
REST API........................................................... 32
Resulting Config.............................................. 206
Retention.................................................. 171, 176
ring.................................................................. 147
root_password.................................................. 24
root_ssh_keys.................................................. 24
root ユーザー..................................................... 39
Root 名前空間................................................. 167

## S

| | |
|---|---|
| SAN | 91 |
| scp | 194 |
| SDN | 4, 81, 136, 148 |
| SDN Core | 138 |
| SDN の設定 | 140 |
| SDS | 143 |
| Secure Boot | 245 |
| Security Group | 133, 134 |
| Sendmail | 39, 40 |
| Simple Zone | 140 |
| SMB | 3, 92 |
| SMTP | 39, 40 |
| SNAT | 140 |
| Snippet | 88 |
| snippets | 50 |
| snippets/userconfig.yaml | 50 |
| Software-Defined Networking | 4, 136 |
| Software-Defined Storage | 143 |
| source | 24 |
| Source NAT | 140 |
| SPICE | 44, 49, 54, 78 |
| Spine-Leaf 構成 | 152 |
| SSD エミュレーション | 45 |
| SSH | 64 |
| SSH Tunnel | 117 |
| SSH クライアント | 32, 33 |
| SSL | 5 |
| Storage Area Network | 91 |
| Subnet | 137 |
| sysctl --system | 151 |

## T

| | |
|---|---|
| Telmate | 237 |
| template/cache | 56 |
| Terraform | 235 |
| terraform apply | 240 |
| terraform init | 240 |
| terraform plan | 240 |

| | |
|---|---|
| Terraform-for-Proxmox | 237 |
| Terraform のインストール | 237 |
| Terraform のコミュニティ版 | 236 |
| Terraform のファイル構成 | 240 |
| timezone | 24 |
| TLS | 5 |
| TOML フォーマット | 23 |
| Top of Rack | 126 |
| ToR | 126, 137 |
| TOTP | 38 |
| Traditional Bridge | 126 |
| Trim | 45 |
| Trunk | 126, 141, 144 |

## U

| | |
|---|---|
| U2F 設定 | 79 |
| UNC パス | 104 |
| Unmap | 45 |
| USB ストレージ | 15 |
| User Tag Access | 80 |

## V

| | |
|---|---|
| vCenter Server | 204 |
| Veeam Backup & Replication | 210 |
| Veeam Backup for Proxmox | 210-212 |
| Veeam Data Mover | 211 |
| VG | 100 |
| vGPU | 242-248 |
| vGPU Driver | 243, 244, 246, 248 |
| vGPU Manager | 244, 245 |
| vGPU のコンポーネント | 244 |
| vGPU の設定 | 244 |
| vGPU プロファイル | 244, 246 |
| VirtIO | 48 |
| VirtIO SCSI | 44 |
| VirtIO SCSI single | 44 |
| VirtIO-GL | 44 |
| VirtIO-GPU | 44 |
| VirtIO ドライバ | 53, 193, 199, 203, 207 |

Virtio ドライバのインストーラ................................ 54
Virtual eXtensible Local Area Network........ 142
virt-viewer ............................................................ 49
VLAN ................................................................. 126
VLAN 802.1Q .................................................. 126
VLAN aware................................................ 48, 126
VLAN Zone..................................................... 141
VLAN タグ ........................................................ 127
vmbr0.............................................................. 129
vmdk........................................................... 88, 207
vmdk-flat ........................................................ 207
VMID レンジ ....................................................... 79
VMware PVSCSI............................................... 44
VMware Tools ................................................ 220
VMware vSphere......................... 44, 219, 220
VMware 互換 ....................................................... 44
vmxnet3 ............................................................ 48
VNet ......................................................... 137, 155
Volume Group............................................... 100
vSAN ................................................................ 204
vSphere 環境からの移行 .................................... 192
VXLAN ..................................................... 142, 149
VZDump backup files.................................... 88

## ■ W

WebAuthn 設定 ................................................. 79
Webhook .................................................... 39, 41
Web サーバー ...................................................... 26
Web 管理ツール................................................ 32, 34
Windows................................................................ 196

## ■ X

xfs........................................................ 17, 93, 164

## ■ Z

Zabbix ............................................................. 225
ZFS .............................4, 17, 24, 89, 90, 164
ZFS over iSCSI ................................................ 90
ZFS スナップショットバックアップ ................... 213

Zone .................................................................. 137
z-sdn-evpn.conf............................................ 151
Zstandard ...................................................... 162
zstd .................................................................. 162

## ■あ

アクセス権限 ..................................34-36, 52, 80
アクティブフルバックアップ ....................... 213, 214
アクティベーション ............................................... 74
圧縮 .................................................................. 161
アップデート ......................................................... 73
アラート ...................................................... 226, 233
暗号化 ..................................................... 162, 171
暗号化キー ....................................................... 193
暗号化通信 ............................................................ 5
アンダーレイネットワーク ................................ 153
インクリメンタルバックアップ ................ 161, 162
インスタント VM リカバリ ........................ 219, 220
インストーラ ........................................................ 15
インストール .............................................. 15, 21
インストールメディア................................ 14, 26
インポート .............................................. 207, 231
インポートウィザード ...................................... 192
インポート対象のイメージファイル........................ 89
永久増分バックアップ ........................................... 214
エージェント ....................................................... 225
エージェントレス................................................ 225
エンタープライズリポジトリ ..................................... 6
応答ファイル ...................................22, 23, 26, 29
送り元メールアドレス........................................... 78
オーバーコミット................................................... 47
オーバーレイネットワーク ................................ 153
オーバーレイネットワークでの EVPN 設定 ........ 154
オブジェクトストレージ .............................................. 4
オプション ................................................... 50, 77
オンボードデバイス............................................ 119
オンラインバックアップ.................................... 216

## ■か

開発ロードマップ .................................................... 9
外部ファイルシステム ............................................ 26
仮想 TPM デバイス ............................................. 193
仮想スイッチ ........................................................ 4
仮想ディスクのインポート ................................... 196
仮想ハードディスクのインポート ............. 192, 194
仮想ブリッジ ......................................................... 4
仮想マシン構成ファイル ........................................ 67
仮想マシンの移行 .................................. 192, 201
仮想マシンの移動 ............................................... 64
仮想マシンの作成 ............................................... 42
仮想マシンの設定 ............................................. 197
仮想マシンの操作 ............................................... 52
仮想マシンのバックアップ .................................. 214
仮想マシンの変更 ............................................... 48
仮想マシンのリストア .......................................... 214
仮想マシン用テンプレート .................................. 230
ガベージコレクション ......................................... 167
可用性 ............................................................. 213
監視データ保持期間 ........................................... 226
監視に必要な権限 ............................................. 227
監視範囲 .......................................................... 226
監視方式 .......................................................... 225
完全仮想化ハイパーバイザー ................................. 2
管理 ................................................................. 212
管理コンソール .................................................... 13
管理サーバー ...................................................... 13
管理者 ............................................................... 18
管理ネットワーク .................................................. 18
管理ネットワークの冗長化 .................................. 146
キーボードレイアウト ........................................... 77
拠点間 PBS へのリモートレプリケーション ...... 188
拠点内 PBS へのリモートレプリケーション ...... 187
クラスタ ....................................................... 64, 77
クラスタ管理ネットワーク ................................... 116
クラスタ設定 ...................................................... 67
クラスタネットワーク ............................................ 67
クラスタの管理 ................................................... 71

クラスタの作成 ................................................... 74
クラスタメトリクス ............................................. 230
クラスタリソースのスケジューリング .................... 79
クラスタリング ...................................................... 3
グループアカウント ........................................ 35, 37
グループフィルタ ............................................... 185
グローバルセクション .......................................... 23
ゲスト OS ........................................................... 43
ゲストツール .................................................... 193
検索 ........................................................... 72, 76
高可用性 ....................................................... 3, 64
合成フルバックアップ ............................... 213, 214
広帯域 ............................................................. 145
互換性 ............................................................... 12
固定化 ............................................................. 120
コンソール .......................................................... 49
コンソールアクセス ........................................ 32, 33
コンソールビューワ ............................................. 78
コンテナ ............................................................ 88
コンテナ仮想化技術 ............................................. 3
コンテナ構成ファイル ......................................... 67
コンテナテンプレート .......................................... 88
コンテナテンプレートの有効化 ............................ 55
コンテナの作成 ................................................... 57

## ■さ

最大 Worker 数 ................................................. 79
サブスクリプション ...................................... 6, 7, 73
差分バックアップ ........................................ 5, 213
サポートライフサイクル ......................................... 9
サマリー .................................... 19, 49, 72, 76
シェル ............................................................... 72
視覚化 ............................................................. 226
事業継続計画 ................................................... 159
システム ............................................................ 73
自動インストール ............................... 21, 28, 29
ジャンボフレーム .................................... 118, 151
手動バックアップ .............................................. 174
詳細設定 .............................................. 178, 206

| | |
|---|---|
| シリアルターミナル | 44 |
| スケーラビリティ | 213, 226 |
| ストレージ | 80, 88 |
| ストレージアーキテクチャ | 3 |
| ストレージ接続の冗長化 | 91 |
| ストレージ設定 | 67 |
| ストレージタイプ | 89, 91 |
| ストレージデバイス | 16 |
| ストレージネットワーク | 148 |
| ストレージの管理 | 163 |
| スナップショット | 4, 51, 163, 192, 204 |
| スナップショットモード | 173, 174 |
| スニペット | 50, 88 |
| スペック | 13 |
| セキュリティ | 5 |
| セキュリティグループ | 133, 134 |
| 宣言型 | 236 |
| 増分バックアップ | 158, 160, 161, 163, 213, 214 |

## ■た

| | |
|---|---|
| 帯域幅制限値 | 79 |
| タイムゾーン | 17 |
| タグスタイル | 80 |
| タスク実行履歴 | 51 |
| チャンク | 162 |
| 注釈 | 72, 76 |
| 注釈のテンプレート | 177 |
| 追加インストール | 19 |
| 通知 | 18, 81, 226, 233 |
| 停止モード | 173 |
| ディスクイメージ | 88 |
| ディスク設定セクション | 24 |
| データ圧縮 | 4, 158 |
| データ移行 | 213 |
| データインテグリティ | 158 |
| データストア | 163 |
| データストアの追加 | 164 |
| データ整合性 | 160 |

| | |
|---|---|
| データセンター設定 | 67 |
| データセンターの構成 | 76 |
| データの重複排除 | 158, 160, 161, 181 |
| 手続き型 | 236 |
| テープバックアップ | 159, 160 |
| 展開済み Debian Linux へのインストール | 21 |
| テンプレート | 227, 230-232, 238 |
| テンプレートの設定 | 230 |
| ドキュメンテーション | 8 |
| トークン | 228 |
| トランク | 126 |
| トリガー | 234 |

## ■な

| | |
|---|---|
| 名前空間 | 167, 189, 190 |
| 認証 | 5, 34 |
| 認証ソース | 34, 35, 38 |
| ネットワーク | 47, 60 |
| ネットワークアーキテクチャ | 4 |
| ネットワークインターフェースの命名規則 | 118 |
| ネットワークセクション | 24 |
| ネットワークの冗長化 | 123 |
| ネットワークの設定のバックアップ | 193 |
| ノード数 | 116, 151 |
| ノード設定 | 67 |
| ノードの構成 | 71 |
| ノードの削除 | 75 |
| ノードの追加 | 74 |

## ■は

| | |
|---|---|
| ハイパーバイザー | 2 |
| バグトラッカー | 8 |
| パスワード | 18 |
| バックアップ | 5, 51, 80, 186-190, 192, 212 |
| バックアップ機能 | 158 |
| バックアップグループ | 167 |
| バックアップサーバー | 210 |
| バックアップジョブ | 215-217 |
| バックアップジョブの作成 | 175 |

| | |
|---|---|
| バックアップの暗号化 | 179 |
| バックアップの取得 | 174 |
| バックアップの動作 | 172 |
| バックアップのフロー | 173 |
| バックアップファイル | 223, 224 |
| バックアップ方式 | 213 |
| バックアップモード | 172 |
| バックアップリポジトリ | 211 |
| パッケージリポジトリ | 20 |
| ハードウェア | 49 |
| ハードウェアスペック | 13 |
| バルク動作 | 79 |
| バルーニング | 46, 47 |
| 標準 VGA | 44 |
| ファイアウォール | 51, 81, 132-135 |
| ファイアウォール設定 | 67 |
| ファイアウォールの有効化／無効化 | 135 |
| ファイルシステム | 4, 106 |
| ファイルベースストレージ | 112 |
| ファイルリストア | 158, 160, 182 |
| ファイルレベルリストア | 222, 223 |
| フィルタ | 185 |
| フィルタルール | 25 |
| フィンガープリント | 183 |
| フェイルバック | 85 |
| 復号化 | 193 |
| 物理ホスト用テンプレート | 230 |
| ブリッジ | 127-129, 140, 141 |
| ブリッジ命名規則 | 119 |
| プルーニング | 168, 177 |
| プルーニングジョブの設定 | 168 |
| フルバックアップ | 5, 163, 213 |
| ブロックストレージ | 4 |
| ブロックデバイス | 106 |
| プロバイダーの設定 | 237 |
| プロビジョニング | 237 |
| 分散ストレージ | 92 |
| 分散ファイアウォール | 133 |
| 分析 | 226 |

| | |
|---|---|
| ホスト | 229 |
| ホストのバックアップ | 179 |
| ホストのリストア | 182 |
| ホットプラグデバイス | 119 |
| ボンディング | 123, 124 |
| 翻訳 | 8, 9 |

## ■ま

| | |
|---|---|
| マイグレーションネットワーク | 117, 148 |
| マイグレーションの設定 | 78 |
| マクロ | 229 |
| マスカレード | 131, 132 |
| マルチパス | 91 |
| マルチパスルート | 155, 156 |
| 命名規則 | 118-120 |
| メディアタイプ | 234 |
| メトリクス | 230 |
| メトリック | 150 |
| メトリックサーバー | 81 |
| メモリ | 46, 59 |
| メンテナンスモード | 85 |
| モニタ | 51 |
| モニタリング | 212 |

## ■や

| | |
|---|---|
| ユーザーアカウント | 34, 35, 37 |
| ユーザーアクセス権設定 | 67 |
| ユーザー利用許諾 | 16 |

## ■ら

| | |
|---|---|
| ライセンス | 6 |
| ライセンスサーバー | 244 |
| ライブマイグレーション | 82, 147 |
| ライブリストア | 160, 181 |
| リカバリ | 213 |
| リストア | 5, 158, 179, 212, 218, 224, 225 |
| リストアの設定 | 180 |
| リストアの動作 | 181 |
| リセラーパートナー | 7 |

| | |
|---|---|
| リソース監視 | 232 |
| リソースの定義 | 238 |
| リソースプール | 42 |
| リソースマッピング | 81 |
| リポジトリ | 6, 20, 245 |
| リムーバブルデータストア | 166 |
| リモート Proxmox BS の追加 | 183 |
| リモートコンソール | 15 |
| リモート同期 | 160, 162, 182 |
| リモート同期ジョブ | 183-185 |
| リモートレプリケーション | 187, 188 |
| リンクアグリゲーション | 123 |
| ルーティング | 128, 130, 150 |
| ルール | 135 |
| レイヤー 2 構成 | 144 |
| レプリカ同期トラフィック | 118 |
| レプリケーション | 51, 80 |
| レルム | 34, 38 |
| ローカルディスク | 92 |
| ローカルレプリケーション | 187 |
| ロケーション | 17 |
| ロードマップ | 9 |
| ロール | 36 |
| ロールバック | 192 |
| ロールベースのアクセスコントロール | 5 |
| 論理ユニット番号 | 89 |

## ■わ

| | |
|---|---|
| ワーカー | 211, 212 |

STAFF LIST

カバーデザイン　　　　岡田章志
本文デザイン　　　　　オガワヒロシ
DTP　　　　　　　　　柏倉真理子
編集　　　　　　　　　大月宇美、石橋克隆

■商品に関する問い合わせ先

このたびは弊社商品をご購入いただきありがとうございます。本書の内容などに関するお問い合わせは、下記のURLまたは二次元バーコードにある問い合わせフォームからお送りください。
https://book.impress.co.jp/info/

上記フォームがご利用頂けない場合のメールでの問い合わせ先
info@impress.co.jp

※お問い合わせの際は、書名、ISBN、お名前、お電話番号、メールアドレス に加えて、「該当するページ」と「具体的なご質問内容」「お使いの動作環境」を必ずご明記ください。なお、本書の範囲を超えるご質問にはお答えできないのでご了承ください。

●電話やFAXでのご質問には対応しておりません。また、封書でのお問い合わせは回答までに日数をいただく場合があります。あらかじめご了承ください。
●インプレスブックスの本書情報ページ　https://book.impress.co.jp/books/1124101030　では、本書のサポート情報や正誤表・訂正情報などを提供しています。あわせてご確認ください。
●本書の奥付に記載されている初版発行日から3年が経過した場合、もしくは本書で紹介している製品やサービスについて提供会社によるサポートが終了した場合はご質問にお答えできない場合があります。

■落丁・乱丁本などの問い合わせ先
　FAX　03-6837-5023
　service@impress.co.jp
※古書店で購入されたものについてはお取り替えできません。

著者、株式会社インプレスは、本書の記述が正確なものとなるように最大限努めましたが、
本書に含まれるすべての情報が完全に正確であることを保証することはできません。また、
本書の内容に起因する直接的および間接的な損害に対して一切の責任を負いません。

# Proxmox VEサーバー仮想化 導入実践ガイド
## エンタープライズシステムをOSSベースで構築

2025年3月11日 初版第1刷発行

著　者　青山尚暉、海野航、大石大輔、工藤真臣、殿貝大樹、野口敏久
発行人　高橋隆志
編集人　藤井貴志
発行所　株式会社インプレス
　　　　〒101-0051　東京都千代田区神田神保町一丁目105番地
　　　　ホームページ　https://book.impress.co.jp/

本書は著作権法上の保護を受けています。本書の一部あるいは全部について(ソフトウェア及びプログラムを含む)、株式会社インプレスから文書による許諾を得ずに、いかなる方法においても無断で複写、複製することは禁じられています。本書に登場する会社名、製品名は、各社の登録商標または商標です。本文では、®や™マークは明記しておりません。

Copyright ©2025 Naoki Aoyama, Wataru Unno, Daisuke Oishi, Masaomi Kudo, Taiki Tonogai, Toshihisa Noguchi. All rights reserved.

印刷所　シナノ書籍印刷株式会社

ISBN978-4-295-02125-4　　C3055

Printed in Japan